Dr JULIUS WOLF

PROFESSEUR A L'UNIVERSITÉ DE ZÜRICH

LE

COMMERCE DES BLÉS

ET LA

CONCURRENCE DE L'INDE ORIENTALE

TRADUIT DE L'ALLEMAND

Par Henry GRANDEAU

DOCTEUR ÈS SCIENCES

CHEF DES TRAVAUX AGRONOMIQUES A LA FACULTÉ DES SCIENCES DE NANCY

SOUS-DIRECTEUR DE LA STATION AGRONOMIQUE DE L'EST

Avec une Préface de L. GRANDEAU

DOYEN DE LA FACULTÉ DES SCIENCES DE NANCY

DIRECTEUR DE LA STATION AGRONOMIQUE DE L'EST

PARIS

BERGER-LEVRAULT ET Cie	LIBRAIRIE AGRICOLE
LIBRAIRES-ÉDITEURS	DE LA MAISON RUSTIQUE
5, rue des Beaux-Arts, 5	26, rue Jacob, 26

1887

ANNALES DE LA SCIENCE AGRONOMIQUE

FRANÇAISE ET ÉTRANGÈRE

ORGANE DES STATIONS AGRONOMIQUES ET DES LABORATOIRES AGRICOLES

Publiées sous les auspices du Ministère de l'Agriculture

PAR

Louis GRANDEAU

DIRECTEUR DE LA STATION AGRONOMIQUE DE L'EST
MEMBRE DU CONSEIL SUPÉRIEUR DE L'AGRICULTURE, VICE-PRÉSIDENT DE LA SOCIÉTÉ NATIONALE
D'ENCOURAGEMENT A L'AGRICULTURE
DOYEN DE LA FACULTÉ DES SCIENCES DE NANCY, PROFESSEUR A L'ÉCOLE NATIONALE FORESTIÈRE

*Les Annales forment, par année, deux volumes de 500 pages chacun environ
avec gravures, planches et tableaux
Prix de l'abonnement pour les deux volumes de l'année : Paris,* **24** *fr.
Départements et Union postale :* **26** *fr. Pays en dehors de l'Union :* **24** *fr., port en sus*

La troisième année (1886) est en cours d'impression

COMITÉ DE RÉDACTION DES ANNALES

Rédacteur en chef : **L. GRANDEAU**
Directeur de la Station agronomique de l'Est

Secrétaire de la rédaction : **H. GRANDEAU**
Sous-directeur de la Station agronomique de l'Est
Chef des travaux agronomiques de la faculté des sciences

U. Gayon, directeur de la Station agronomique de Bordeaux.
Guinon, directeur de la Station agronomique de Châteauroux.
Margottet, directeur de la Station agronomique de Dijon.
A. Mathieu, sous-directeur et professeur honoraire de l'École nationale
forestière.
J. Risler, préparateur à l'Institut national agronomique.
Th. Schlœsing, de l'Institut, professeur à l'Institut national agronomique
E. Risler, directeur de l'Institut national agronomique.
A. Girard, professeur à l'Institut agronomique.
A. Müntz, chef des travaux chimiques à l'Institut agronomique.
Ed. Henry, professeur à l'École nationale forestière.
P. Fliche, professeur à l'École nationale forestière.

LE
COMMERCE DES BLÉS

ET LA

CONCURRENCE DE L'INDE ORIENTALE

(Extrait des *Annales de la Science agronomique française et étrangère*)

Dr Julius WOLF

PROFESSEUR A L'UNIVERSITÉ DE ZURICH

LE

COMMERCE DES BLÉS

ET LA

CONCURRENCE DE L'INDE ORIENTALE

TRADUIT DE L'ALLEMAND

Par Henry GRANDEAU

DOCTEUR ÈS SCIENCES

CHEF DES TRAVAUX AGRONOMIQUES A LA FACULTÉ DES SCIENCES DE NANCY

SOUS-DIRECTEUR DE LA STATION AGRONOMIQUE DE L'EST

Avec une Préface de L. GRANDEAU

DOYEN DE LA FACULTÉ DES SCIENCES DE NANCY

DIRECTEUR DE LA STATION AGRONOMIQUE DE L'EST

PARIS

BERGER-LEVRAULT ET Cⁱᵉ	LIBRAIRIE AGRICOLE
LIBRAIRES ÉDITEURS	DE LA MAISON RUSTIQUE
5, rue des Beaux-Arts, 5	26, rue Jacob, 26

1887

AVANT-PROPOS

Depuis l'origine de la phase critique que traverse l'agriculture européenne, la culture des céréales et tout ce qui s'y rapporte excite, à bon droit, l'attention des agronomes et celle des économistes. Soit qu'on redoute, au point de vue de la prospérité locale de l'agriculture, l'influence de l'importation étrangère, soit qu'on s'en réjouisse, en songeant qu'elle a pour effet de prévenir désormais les famines et de maintenir à un taux peu élevé le prix du pain, il est certain, pour tout le monde, qu'il faut compter avec elle. La facilité croissante des relations internationales, le rapprochement des distances par les progrès de la navigation et des chemins de fer donneront, chaque jour, une importance plus grande à la production étrangère. Il semble donc que la première chose à faire est de s'entourer de tous les documents possibles sur les conditions exactes de la concurrence que l'Europe rencontre dans la production des pays d'outre-mer. La France qui n'est pas loin de produire, année moyenne [1], la quantité de froment nécessaire à sa consommation, a d'autant plus d'intérêt à connaître exactement la situation des régions qui, à un moment donné, viennent, par leurs importations, combler le déficit de ses récoltes par rapport à ses besoins. En effet, une étude attentive de la situation des pays exportateurs de céréales lui montrerait, c'est du moins ma conviction, qu'un faible accroissement dans les rendements de nos terres suffirait pour nous

---

1. Voir *la Production agricole en France*. In-8°, Berger-Levrault et Cie. 1885.

affranchir du tribut que nous payons, dans certaines années, aux nations étrangères.

Lorsqu'on étudie de près les conditions de la production du froment en Amérique et dans l'Inde, au lieu d'y puiser des motifs de découragement pour notre agriculture, on y rencontre, au contraire, la preuve certaine qu'en demandant au sol français un accroissement de produits facile à obtenir quand on le voudra, on affranchira pour toujours la culture française de l'importation étrangère.

L'ouvrage dans lequel M. J. Wolf a réuni les documents les plus récents sur les conditions de la production du blé dans l'Inde me semble combler une lacune d'autant plus regrettable que, de divers côtés, on invoque, sur le continent, dans les sens les plus opposés et sans les connaître suffisamment, les données relatives à la culture du froment dans cette possession anglaise. — Puisés aux sources les plus sûres, les documents qu'il nous offre jettent un jour très vif sur la production, le rendement, le prix de revient et les frais de transport des blés de l'Inde.

Grâce à la transformation en mesures métriques de tous les chiffres que l'auteur a donnés, tantôt en mesures anglaises, tantôt en mesures indiennes, il est possible au lecteur de faire des comparaisons et de tirer des conclusions du rapprochement de ces données. Le texte original où se trouvaient confondus les *livres argent* et *poids*, *acres*, *bushels* avec les *maunds*, *seers*, *roupies* et *anas*, etc..., est d'une lecture extrêmement pénible et l'on saura gré au traducteur de n'avoir pas reculé devant un labeur considérable, pour éviter au lecteur le travail fastidieux de la transformation de ces valeurs anglaises et indiennes en mesures françaises.

La conclusion générale que M. J. Wolf semble tirer du rapprochement des éléments de discussion si intéressants que nous devons à ses patientes recherches est que, dans l'avenir, l'importation du blé de l'Inde, stationnaire en ce moment, ira en s'accentuant, en raison de la dépréciation de l'argent dans ce pays, plutôt que par suite de l'augmentation du rendement du sol ou de l'abaissement des frais de production. L'étude attentive de l'opuscule de M. Wolf et le rapprochement des chiffres qu'il renferme avec ceux des prix de production du blé sur le continent ne nous paraissent pas justifier cette manière de voir.

Il est d'abord un élément dont M. Wolf n'a tenu aucun compte et qui nous semble digne d'attirer l'attention. A l'heure qu'il est, la consommation indigène du froment est nulle ou à peu près nulle aux Indes, ce que rend évident le rapprochement suivant entre les chiffres de la population, de la production et de l'exportation du blé.

En nombres ronds, l'Inde anglaise compte 255 millions d'habitants. La production en froment évaluée *au maximum*, en moyenne et par hectare à 12^{hect},57, représente, en 1886, pour les dix millions et demi d'hectares emblavés, un peu plus de 133 millions d'hectolitres.

L'exportation, pour la même année, s'est élevée à 10.7 millions de quintaux, correspondant, à raison de 80 kilogr. par hectolitre, à 13 millions d'hectolitres de grain environ. L'écart entre la production et l'exportation, soit *cent vingt millions d'hectolitres,* donnerait une consommation moyenne de *quarante-sept litres* de grain par tête d'habitant. Il est plus que probable que la totalité du blé disponible est consommée par l'élément européen de la population et que l'indigène ne connaît pas l'usage du pain.

Mais il y a lieu de penser qu'il n'en sera pas toujours ainsi et que le jour où l'Indien commencera à substituer le froment au riz, base essentielle de son alimentation actuelle, la consommation du blé dans l'Inde croîtra plus rapidement que les rendements du sol en cette céréale.

Mais laissons de côté cet élément important pour l'accroissement futur du prix du blé dans l'Inde et supposons que les choses restent encore longtemps en l'état. La question essentielle est celle-ci : Le prix de revient du blé indien, grevé des frais de transport, si bas aujourd'hui qu'ils ne paraissent guère susceptibles d'une diminution notable, est-il tellement inférieur aux prix européens que nous ne puissions, par un accroissement dans nos rendements, lutter avan-

tageusement et que nous soyons menacés de renoncer à la culture
du blé pour nous approvisionner dans l'Inde ?

La lecture attentive et la discussion des chiffres réunis par M. Wolf
me semblent conduire à une conclusion absolument opposée. Le
tableau du prix des blés sur les principaux marchés de l'Inde nous
montre que, contrairement aux assertions erronées, apportées fréquemment à la tribune et dans la presse française, le blé tombe
rarement sur le marché indien au-dessous de 12 fr. et qu'il atteint
couramment 20 à 22 fr. le quintal. En second lieu, dans les circonstances les plus favorables, le minimum du prix *de revient* du
quintal de blé indien, sur les quais de Londres, est de 14 à 15 fr.
Sans entrer dans la discussion du prix de revient du blé en France
qui ne trouverait pas sa place dans les courtes réflexions dont j'ai
tenu à faire précéder la traduction de l'opuscule de M. Wolf, je ne
crains pas d'affirmer que la France peut produire et produit du froment à un prix de revient inférieur à 15 fr. le quintal, à la condition de faire au sol les avances nécessaires et d'appliquer les
méthodes rationnelles dont l'agriculture ne saurait désormais se
passer pour réaliser des bénéfices.

Comme je le disais en commençant, quelque opinion qu'on ait
d'ailleurs de la question, il est essentiel de posséder des documents
sérieux sur les faits eux-mêmes et je ne doute pas, qu'à ce titre, la
traduction de l'ouvrage de M. Wolf ne rencontre un accueil favorable auprès des agronomes et des économistes.

Station agronomique de l'Est. — Mai 1887.

L. GRANDEAU.

LE
COMMERCE DES BLÉS

ET LA

CONCURRENCE DE L'INDE ORIENTALE

PRÉFACE DE L'AUTEUR

Jusqu'ici, la question de la concurrence de l'Inde orientale dans le commerce des céréales a été délaissée d'une façon extraordinaire par les écrivains qui s'occupent de vulgariser les questions agricoles. Tous les ans, depuis surtout qu'elle a progressé dans une si forte proportion, la concurrence américaine est l'objet d'études statistiques privées et officielles. Un grand nombre de personnes n'ont pas reculé devant la traversée de l'Océan pour faire une récolte de documents plus riche que celle qu'il leur était possible d'obtenir en Europe. La concurrence de l'Inde orientale n'a pas été l'objet d'un pareil courant littéraire. C'est à peine s'il existe sur cette question quelques minimes brochures, dont une seule d'origine allemande. Il faudrait bien se garder de conclure de ce fait que l'exportation des céréales de l'Inde n'excite aucun intérêt en Europe. Loin de là. On crut pouvoir dire, à l'origine, de la situation de l'Inde vis-à-vis des États-Unis, ce qu'on disait naguère de l'Union comparée à l'Europe : c'est un rival victorieux ! On vit dans les conditions de production de la presqu'île indienne la dernière mesure de l'élévation possible du prix du blé et de l'état économique qui en découle.

Malgré cela, on ne fit rien pour étudier la situation. Nous n'avons pas à rechercher les causes de cette négligence déplorable. Il nous suffit de l'avoir constatée pour justifier l'étude que nous entreprenons.

Nous nous sommes gardé, dans ce travail, des généralisations qui ne reposeraient pas sur des données certaines, faute essentielle dans laquelle sont tombés les auteurs d'une série de travaux sur la concurrence américaine. Dans les cas où nous avons conclu du particulier au général, nous y avons mis la plus stricte prudence et nous avons pris en considération la nature du cas particulier vis-à-vis du caractère général de l'ensemble des faits. Ce qui, de son essence, est douteux ou incertain, nous n'avons pas cherché à le transformer en chiffres rigoureux, et nous avons, au contraire, reconnu notre impuissance sur ce point. Quant à savoir si l'exposé des faits n'a pas été trop raccourci par nos ciseaux critiques, ou si nous avons su présenter la question sous son aspect positif, convenablement et complètement, le lecteur décidera.

Nous adressons nos meilleurs remercîments au directeur du Musée oriental de Vienne, M. le conseiller d'État von Scala, pour la libéralité avec laquelle il nous a autorisé à user de la bibliothèque du Muséum[1].

Hottingen-Zurich, mai 1886.

---

1. On trouvera, à la fin de cette étude, la liste complète des sources auxquelles l'auteur a puisé les documents utilisés dans ce travail.

CHAPITRE PREMIER

L'exportation du blé de l'Inde orientale et les causes de son développement depuis 1873.

1. — *L'exportation du blé.*

Jusqu'à l'année 1873, l'exportation de l'Inde orientale a été faible, comme le montrent les chiffres suivants :

	QUINTAUX métriques.			FRANCS	PRIX du quintal.
1867-1868[1] .	152087	représentant une valeur argent de		2532700	16f 65c
1868-1869. .	139944	—	—	2469000	17 64
1869-1870. .	39730	—	—	823100	20 72
1870-1871. .	126249	—	—	2595825	18 56
1871-1872. .	323646	—	—	5891125	18 20
1872-1873. .	200157	—	—	4192250	20 94
				Moyenne.	18f 78c

En 1873-1874, alors que déjà en 1871-1872 un élan remarquable avait pris naissance, on constate un accroissement dans l'exportation qui, bien qu'il parût encore compromis dans les premiers temps, se consolida finalement dans la suite et, si l'on excepte les années 1878-1879 et 1880, années de famine et de mauvaises récoltes, augmenta d'une façon véritablement extraordinaire.

L'exportation en froment de l'Inde est représentée, de 1873 à 1886, par les chiffres suivants :

	QUINTAUX métriques.			FRANCS.	PRIX du quintal.
1873-1874. .	892025	représentant une valeur argent de		20690150	23f 19c
1874-1875. .	545417	—	—	12286275	22 44
1875-1876. .	1275470	—	—	22658275	17 75
1876-1877. .	2828851	—	—	48941000	17 30
1877-1878. .	3237569	—	—	71844125	22 18
1878-1879. .	536813	—	—	13003450	24 22
1879-1880. .	1118370	—	—	28106675	25 13

---

1. Les années sont comptées du 1er avril au 31 mars suivant.

	QUINTAUX métriques.			FRANCS.	PRIX du quintal.
1880-1881 .	3781742	représentant une valeur argent de	81948550	21ᶠ77ᶜ
1881-1882 .	10109710	—	—	221739050	21 93
1882-1883 .	7210432	—	—	152220350	21 11
1883-1884 .	10668717	—	—	222395275	20 84
1884-1885 .	8053980	—	—	157750000	19 58
1885-1886 .	10698800	—	—		

La Grande-Bretagne avait tiré de l'Inde, en 1869, seulement 507 q. m. de blé sur son import total de 19 149 481 q. m. ; en 1870, 4369 q. m. sur un import de 15 697 824 q. m. Pour la première fois, en l'année 1871, le blé de l'Inde introduit en Angleterre figure pour 111 772 q. m. sur une importation totale dans le Royaume-Uni de 20 010 019 q. m. Depuis cette époque, voici la progression suivie :

ANNÉES.	BLÉ importé de l'Inde en Angleterre en quintaux métriques.	IMPORTATION TOTALE du Royaume-Uni en quintaux métriques.
1872	79586	21400884
1873	376394	22282454
1874	545561	21096040
1875	677858	26353271
1876	1669916	22582966
1877	3101332	27569058
1878	925007	25352491
1879	450599	30272632
1880	1640360	28073057
1881	3725985	29031150
1882	4298190	32634300
1883	5714486	32582424
1884	4054262	24031527

En 1884, l'Inde occupe le deuxième rang parmi les pays d'exportation du blé en Angleterre ; elle n'est devancée que par les États-Unis.

En outre, le blé de l'Inde prend, en quantités croissantes, le chemin de l'Italie et de la France. Voici un tableau qui résume ces importations :

Exportations du froment indien indiquées en milliers de quintaux.

	1872-73.	1874-75.	1876-77.	1878-79.	1880-81.	1882-83.	1884-85.
Grande-Bretagne .	92	233	2203	434	2430	3340	3781
France [1].	—	131	28.5	5.6	684	181	168
Italie.	—	47	33	—	69	89	360
Belgique.	—	—	86,8	—	115	711	883
Hollande	—	—	—	. . .	185	294	67,6
Autriche	0,508	12.7	1,02	—	1,52	3,05	?
Malte	—	16,8	97	—	31	83	47
Gibraltar	—	—	—	—	—	251	?
Égypte	—	—	—	—	—	406	1092

Gibraltar et l'Égypte, qui figurent dans les tableaux indiens, représentent seulement des destinations provisoires. Les chargements sont déclarés là à leur sortie des Indes et conservés jusqu'à ce que des ordres postérieurs les fassent diriger sur d'autres ports, notamment vers l'Angleterre. C'est ainsi que s'explique aussi l'excédent de l'importation en Angleterre des blés de l'Inde sur le chiffre de l'exportation indienne pour le Royaume-Uni.

La Belgique est surtout un pays de transit. Le blé indien suit généralement la route d'Anvers, pour gagner l'Allemagne du Sud, l'Alsace et la Suisse.

La France était aussi un pays de transit, jusqu'à l'époque de l'ouverture du Gothard.

Ainsi, en 1882, sur les 2 444 195 q. m. de blé exporté de l'Inde vers la France, 1 580 151 q. m. seulement ont servi à la consommation française.

En 1883, sur les 2 657 949 q. m. de blé de l'Inde, 1 695 641 q. m. seulement ont été consommés en France.

—

1. La France a une importation totale pour le commerce général :

En 1884 : 11073519 quint. métriq. dont 1723591 quint. métriq. venant de l'Inde.
En 1883 : 13781563   —   2657949   —
En 1882 : 16170118   —   2444195   —

Dans le commerce spécial :

En 1884 : 10549219 quint. métriq. dont 1621387 quint. métriq. venant de l'Inde.
En 1883 : 10117673   —   1695641   —
En 1882 : 12946981   —   1580151   —

En 1884, au contraire, sur 1 679 672 q. m. importés, environ 1 620 192 q. m. sont restés dans ce pays. L'Italie semble maintenant avoir repris une partie du trafic de transit qui se faisait autrefois par la France.

L'Inde exporte aussi du blé vers les territoires extra-européens.

Ainsi, en 1884-85, 79 974 q. m. et en 1883-1884, 102 813 q. m. furent expédiés à Maurice, Zanzibar, Aden et l'Arabie, Ceylan et dans le *Strait Settlements*. Mais les quantités expédiées vers ces régions sont véritablement trop faibles pour qu'on puisse se tromper beaucoup en disant que tous les blés exportés de l'Inde vont vers l'Europe. Ainsi, le blé de l'Inde se répartit en proportions à peu près égales sur l'Angleterre et sur le continent.

L'exportation indienne se fait de Calcutta, Bombay et Kurrachee, dans les proportions suivantes :

EN MILLIERS DE QUINTAUX MÉTRIQUES.

	1880-1881.	1881-1882.	1882-1883.	1883-1884.	1884-1885.
Calcutta	2011	3387	2255	3866	1302
Bombay	1684	5754	3534	4556	4568
Kurrachee	86	941	1387	2200	2169

Le développement que l'exportation des blés de l'Inde a acquis actuellement est la conséquence d'une série de circonstances qui sont les suivantes : d'abord, en 1873, l'abolition des droits de douane à la sortie sur le blé ainsi que l'abaissement progressif du prix de l'argent, l'extension des chemins de fer et des routes, l'abaissement des frets et enfin l'estime croissante des marchands européens pour la qualité des blés indiens.

2. — *L'abolition des droits du blé à la sortie en 1873.*

Comme une grande partie des colonies anglaises qui perçoivent aujourd'hui encore des droits sur les produits d'exportation (ordinairement sous une simple forme d'impôt frappé sur la production, vis-à-vis de laquelle dans beaucoup de cas la consommation locale disparaît), jusqu'à une époque rapprochée de nous, l'Inde orientale avait aussi des impôts de ce genre sur différents produits. Mais, depuis

1859, l'année où l'Inde fut déclarée colonie de la Couronne, on travailla à un abaissement des tarifs d'exportation. Jusqu'en 1859, tous les articles de commerce étaient soumis à un droit de 3 p. 100 ; seuls, les animaux, le coton, la monnaie métallique, les pierres précieuses et les perles étaient exempts de droits. Un tarif de 1859 (act VII) accorda la franchise de droits à la soie brute, aux spiritueux, au sucre et au tabac ; un tarif de 1860 (act X) exempta également le café, le thé, le lin, le chanvre, le jute, la laine, la peau brute, le cuir brut, et le bois de teak. Par un tarif de 1862 (act XI) le charbon et le fer furent également affranchis. En 1865, on rétablit quelques droits, mais ils furent enlevés dans le courant de la même année. Puis parut, en l'année 1867, un acte (XVII) qui raya tout d'un coup du tarif environ 109 matières, de sorte que seuls les cotons, les châles, les peaux et les cuirs préparés, l'indigo, la laque, les céréales, les huiles, les semences et les épices restèrent soumis à l'impôt. Un acte de 1870 (act XVII) réduisit cette courte liste à huit substances et un acte de 1875 (act XVI) à trois seulement (indigo, laque et riz). Déjà en 1873, le blé avait été rayé de l'article « céréales » et, dans cette catégorie, il ne restait plus que le riz[1]. Depuis 1880, le riz est le seul article qui soit soumis à des droits d'exportation : il paye 0 fr. 47 c. par 37^k,25, ou, d'après un calcul officiel, 0 fr. 75 c. par 50^k,8.

Le même droit a frappé le froment jusqu'au 4 janvier 1873[2] et le

---

1. Les droits de sortie sur le riz ont produit, en 1883-1884, 17 971 900 fr.

2. Le droit d'exportation sur le froment a rapporté les sommes suivantes, de 1861 à 1873, époque à laquelle il a été aboli :

1861-1862	. .	162300^f	1867-1868	197000^f
1862-1863	. .	144075	1868-1869	194325
1863-1864	. .	106325	1869-1870	92250
1864-1865	. .	111425	1870-1871	?
1865-1866	. .	78125	1871-1872	?
1866-1867	. .	?	1872-1873	84650

Les éléments d'appréciation sur l'accroissement du produit des exportations du blé en 1867-1869 nous font défaut.

Pour ces questions de tarif, comparez les tableaux publiés dans le *Statement exhibiting the moral and material progress and condition of India*. 1873-1874, p. 64 et suiv.

tableau suivant montre quelles sommes ont dû être payées avant cette époque pour l'exportation du froment :

Avant 1859	0ᶠ 078ᶜ	par 37ᵏ 25
D'après l'acte VII de 1859	0 31	—
— XVII de 1865	0 47	—
— XXV de 1865	0 31	—
— XVII de 1867	0 47	—

D'après la moyenne du cours du change dans le royaume des Indes pendant les cinq années (1868-1869 à 1872-1873), les droits de douane s'élevaient à environ 1 fr. 20 c. par 100 kilogr. Leur élévation correspondait à une augmentation de prix pour les marchands étrangers dans les mêmes proportions.

3. — *L'abaissement du prix de l'argent.*

Le deuxième facteur du développement de l'exportation du blé indien est l'abaissement du prix de l'argent.

CHANGE DANS L'INDE par roupie.		VALEUR DU KILOGRAMME d'argent à Londres[1].
1865-1866[2] . .	2ᶠ 48ᶜ	224ᶠ 43ᶜ
1866-1867[3] . .	2 40	224 66
1867-1868[4] . .	2 42	222 60
1868-1869. . .	2 42	222 37
1869-1870. . .	2 48	222 14
1870-1871. . .	2 39	222 60
1871-1872. . .	2 41	222 37
1872-1873. . .	2 37	221 68
1873-1874. . .	2 33	217 77
1874-1875. . .	2 31	214 33
1875-1876. . .	2 25	209 04
1876-1877. . .	2 14	193 88
1877-1878. . .	2 16	201 46
1878-1879. . .	2 06	193 34
1879-1880. . .	2 08	188 38
1880-1881. . .	2 08	192 04
1881-1882. . .	2 07	189 98
1882-1883. . .	2 03	189 75
1883-1884. . .	2 03	185 84
1884-1885. . .	2 01	186 07
1885	»	178 72

1. D'après une table publiée en 1886 à Londres par Pixley et Abell.
2. Du 1ᵉʳ mai au 30 avril suivant.
3. Du 1ᵉʳ mai au 31 mars suivant.
4. De 1867-1868 à 1884-1885, du 1ᵉʳ avril au 31 mars suivant.

Les traites du secrétaire pour les États de l'Inde, en résidence à Londres, sont, comme on le sait, le mode de paiement de l'Angleterre pour les marchandises importées des Indes. Dans la mesure de l'insuffisance des traites du Gouvernement, on envoie aux Indes de l'argent et parfois aussi de l'or.

Le rapport de l'importation réelle en argent aux Indes à la valeur des traites du Gouvernement, est représenté par les chiffres suivants :

	PAIEMENT EN TRAITES de la régence.	IMPORTATION D'ARGENT aux Indes.
	Francs.	Francs.
1865-1866	176179350	466750000
1866-1867	146035325	174325000
1867-1868	107045425	139825000
1868-1869	95850000	215025000
1869-1870	180000000	180700000
1870-1871	225212500	23525000
1871-1872	267500000	163000000
1872-1873	367562500	18150000
1873-1874	356642500	62125000
1874-1875	293592500	116050000
1875-1876	343750000	38887500
1876-1877	371437800	179975000
1877-1878	292462500	366900000
1878-1879	422809025	99275000
1879-1880	458750000	196750000
1880-1881	458192500	97325000
1881-1882	555273375	134475000
1882-1883	464641475	187000000
1883-1884	540538650	160125000
1884-1885	427559575	181150000

Comme on le voit, la valeur des traites du Gouvernement, en comparaison de l'importation d'argent monnayé, alla toujours en augmentant jusqu'en 1881-1882. Tandis qu'en 1865-1866, les traites et l'argent étaient dans le rapport $\frac{27,4}{73,6}$ pour les paiements effectués, cette proportion atteignait en 1881-1882 le rapport inverse $\frac{80,5}{19,5}$ et en 1884-1885 le rapport était encore de $\frac{70,2}{29,8}$.

Le disagio sur l'argent indien resta constant et très élevé, depuis 1872-1873 : calculée d'après le prix du change des traites du Gou-

vernement, mode prépondérant de paiement, la valeur de la roupie,
par rapport au cours nominal de 2 fr. 50 c., ressort en perte de :

        en 1870-1871 — 6 3 p. 100
        en 1871-1872 — 3.6 —
        en 1872-1873 — 5.2 —
        en 1873-1874 — 6.9 —

Les prix de l'hectolitre de blé pour ces années ont été les suivants :

	DANS L'INDE.	EN ANGLETERRE.	ÉCART.
1870. . . .	14f 44c	20f 17c	5f 73c
1871. . . .	9 71	25 22	15 51
1872. . . .	10 39	24 50	14 11
1873. . . .	10 75	25 22	14 47

Comme l'exportation du blé indien vers l'Europe a lieu principalement dans la seconde moitié de l'année, le disagio de 1870-1871
doit être calculé d'après les cours de 1870 et ainsi de suite.

L'influence du disagio sur ces chiffres a été la suivante :

Par hectolitre	1870	0f 08c
	1871	0 35
	1872	0 54
	1873	0 72

Nous donnons ces indications uniquement pour jeter quelque
lumière sur la discussion qui s'est élevée en Allemagne, entre les
partisans de l'étalon d'or unique et ceux du bi métallisme, MM. Bamberger et Arendt, au sujet du rôle que l'abaissement du prix de l'argent a joué dans l'accroissement de l'exportation des blés de l'Inde.
« On s'appuie, disait le député Bamberger dans la séance du 6 mars
1885 du Reichstag, sur ce que l'exportation du blé de l'Inde n'a pris
son essor que depuis l'année 1873, c'est-à-dire à l'époque où l'Allemagne a adopté l'étalon d'or. Mais il s'est produit, dans cette année
1873, un fait que les discours et les pétitions n'ont point mis en relief. C'est cette année-là que le droit à la sortie sur les blés de l'Inde
a été supprimé. Voilà pourquoi l'exportation a pris son essor. Le
Dr Arendt réplique que la question douanière a été étrangère au mou-

---

1. Le fret et les menues dépenses s'acquittant presque entièrement en or ou en
argent au cours de l'agio, le prix du blé dans l'Inde se trouve par là même abaissé.

vement d'exportation. Elle n'a pas, dit-il, exercé un dixième de l'influence qui revient à l'abaissement dans la valeur de l'argent. Ce qui le prouve, c'est que, déjà avant 1873, le blé indien arrivait, bien qu'en minime quantité, sur le marché anglais.

D'après cela, se pose la question de savoir si c'est l'abaissement des tarifs douaniers ou bien la dépréciation de l'argent qui a provoqué le plus activement l'extension de l'exportation indienne. Les chiffres que nous venons de citer montrent que l'influence de ces deux causes s'équilibre sensiblement, mais cependant que l'influence de la dépréciation de l'argent, jusqu'en 1873-1874, ne se fait pas sentir autant que la suppression des tarifs d'exportation. Les impôts douaniers s'élevaient à 1 fr. 23 c. environ par 100 kilogr., soit 0 fr. 95 c. par hectolitre, tandis que les bénéfices des exportateurs indiens, résultant de l'agio, étaient en 1870 de 0 fr. 91 c. ; en 1871 de 0 fr. 36 c. ; en 1872, 0 fr. 54 c. et en 1873 environ 0 fr. 75 c. par hectolitre.

Le facteur prédominant devra également s'accuser dans les années qui ont suivi : voyons les réponses qu'on obtient en consultant les chiffres. Le disagio de l'argent indien s'est trouvé dans les rapports suivants avec le cours du change :

	POUR CENT.	PAR HECTOLITRE de blé.	PRIX DE L'HECTOLITRE de blé dans l'Inde.
1874-1875. . . .	7.7	0f 75c	9f 78c
1875-1876. . . .	9.9	0 85	8 56
1876-1877. . . .	14.2	1 20	8 42
1877-1878. . . .	13.4	1 47	11 41
1878-1879. . . .	17.5	2 70	15 44
1879-1880. . . .	16.8	2 66	15 98
1880-1881. . . .	16.9	1 90	11 35
1881-1882. . . .	17.1	1 62	9 50
1882-1883. . . .	18.6	1 87	10 03
1883-1884. . . .	18.6	1 88	10 07
1884-1885. . . .	19.6	1 91	9 71

En moyenne, dans les dernières années, le bénéfice de l'agio a donc été dans l'Inde de 1 fr. 80 c. par hectolitre de blé. Il ne faut pas oublier que ce bénéfice diminue passablement avec l'amoindrissement du prix du froment, ni que les bénéfices d'agio, si marqués dans les années 1878-1880, n'ont eu, pour ainsi dire, aucune action lorsque le haut prix du blé dans l'Inde, résultant de mauvaises récoltes et de la famine qui a sévi dans beaucoup de districts, a limité les exportations aux engagements pris antérieurement à la récolte. Dans les années de grand bénéfice résultant de l'agio, ce bénéfice n'a pas atteint le double du droit à la sortie qui existait avant 1873. L'affirmation du Dʳ Arendt que l'influence de la dépréciation de l'argent n'a pas excédé le dixième de celle de la suppression du droit à la sortie, n'est donc pas en accord avec les faits.

4. — *Le développement des chemins de fer et des voies de communication.*

Un autre levier, qui a puissamment agi sur le développement de l'exportation indienne, c'est la construction du réseau des lignes de chemins de fer. Il est indispensable de remonter ici, en quelques mots, aux premiers temps de leur existence.

La construction des chemins de fer indiens a été menée à bien d'après un plan déterminé, conçu au début de leur établissement. Quand, au mois de janvier 1853, les premiers rails furent placés sur le sol indien, ce fut la première application d'un plan dû à lord Dalhousie, alors gouverneur général de la Compagnie de l'Inde orientale, plan qui fut suivi jusqu'en 1869 et modifié à cette époque, seulement dans les détails, par lord Mayo. On entreprit d'abord les lignes suivantes : en 1853, celle de la grande Péninsule indienne ; en 1854, celle de l'Inde orientale, et en 1856, le railway de Madras. La première de ces lignes, qui va de Bombay dans la direction du nord-ouest, en traversant la presqu'île jusqu'en son milieu environ (80° méridien de Greenwich), se soudait à Jabalpur avec la ligne latérale Allahabad-Jabalpur, ligne du railway de l'Inde orientale qui va jusqu'à Delhi, en suivant la vallée du Gange. En même temps, elle fournissait, à mi-chemin environ, à la ligne de Madras la communication Bombay (Kalyan)-Raichur vers le sud-est. De son côté, la ligne de Madras établissait une communication avec la partie sud des côtes ouest par la ligne Madras (Arkonam)-Bey-pore. La direction du Grand-Railway de la péninsule indienne peut être représentée par le signe <, la pointe tournée vers Bombay, celle de la ligne de Madras par le signe > avec la pointe regardant Madras ; et l'embranchement de la ligne de Madras, qui se dirige vers le nord-ouest, rencontre celui de la ligne de Bombay, qui va vers le sud-est. On peut représenter la ligne de Bombay par le signe > la pointe tournée vers Allahabad, ainsi que la branche nord-ouest vers Delhi. Dans le prolongement inverse de cette dernière branche, hors de la pointe, se trouverait figurée la ligne Allahabad-Calcutta.

En 1860, 1861 et 1862, quatre nouvelles lignes, plus courtes, furent commencées : en 1860, une partie de la ligne de Bombay, Baroda et de l'Inde centrale, de Bombay vers le nord, le long des côtes ; en 1861, la ligne Sind-Punjab et Delhi ; deux embranchements, un petit allant du port de Kurrachee vers le nord-est près de l'Indus, un autre plus important de Delhi au nord-ouest dans le Punjab, vers Lahore. Dans la même année, on entreprit aussi les travaux du *South-India-Railway*, qui sert à relier le cap Comorin à Madras et, en 1862, l'*Eastern-Bengal*, qui traverse la partie la plus riche du delta de la vallée du Gange. En 1867, l'entreprise du *Oudh* et du *Rohilkhand* fut commencée. Cette ligne, qui se détache à Benarès de l'*East-India* pour aller vers le nord-ouest, suit un chemin en partie parallèle à celui de l'*East-India*, mais parcourt les régions situées au nord du Gange et se relie encore à l'*East-India* à Cawnpore et Aligarh.

L'ensemble du réseau indien comprenait :

ANNÉES.	KILOM.	ANNÉES.	KILOM.
1853	32,9	1864	4773,9
1854	114,2	1865	5427,1
1855	273,5	1866	5737,6
1856	439,2	1867	6331,6
1857	463,3	1868	6461,7
1858	671,7	1869	6862,3
1859	991,1	1870	7682,9
1860	1349,9	1871	8168,8
1861	2555,0	1872	8640,3
1862	3757,1	1873	9163,2
1863	4054,6		

Voici un tableau qui indique la part respective des lignes que nous avons énumérées dans le réseau des chemins de fer indiens :

	KILOMÈTRES.					
	1858	1855	1860	1865	1870	1873
Great-Ind.-Peninsula. .	32,9	79,5	477.8	1128,7	2024,1	2056,3
East-Indian	»	194.8	595,3	1814,1	2176,9	2408,3
Madras	»	»	220,5	950,7	1257,4	1380,5
Bombay-Baroda et Central India	»	»	56,3	492,3	502,8	625,9
South-Indian.	»	»	»	102,5	299,3	299,3
Sind-Punjab et Delhi. .	»	»	»	584,1	1073,2	1068,3
Eastern-Bengal. . . .	»	»	»	176,9	180,2	252,6
Oudh et Rohilkhand . .	»	»	»	»	67,5	734,5

En 1873, les lignes les plus importantes qui aboutissent à Bombay et à Calcutta étaient terminées. Seul, le territoire de l'Indus était insuffisamment desservi. Il manquait un lien aux deux tronçons du *Sind-Punjab and Delhi-Railway*. Malgré cela, la construction des chemins de fer fut abandonnée pendant quelque temps. Les lignes indispensables avaient été construites avec la garantie d'intérêts par l'État. Sans une pareille garantie, le capital privé ne se serait pas engagé dans l'entreprise des chemins de fer indiens.

Le Gouvernement, d'un autre côté, prit le parti de rendre indépendante la construction des chemins de fer et de les prendre en main comme chemins de fer d'État. Mais, il se mit lentement à l'œuvre au début. En 1873, on commença la ligne Rajputana-Malwa qui devait, en établissant une correspondance entre Bombay-Baroda et l'Inde centrale, relier directement Bombay et Delhi. Cette ligne fut terminée en 1881 sur une longueur de 1,795^{km},6. En 1875, on entreprit la ligne du *Punjab-Northern*, qui va de Lahore aux frontières de l'Afghanistan et qui fut terminée en 1882. Plus tard, mais avec une grande rapidité, notamment en l'année 1878, on établit la communication entre la vallée de l'Indus et les deux tronçons séparés du Sind-Punjab et de Delhi. En 1881, le Gouvernement prit l'*East-India* comme chemin de fer de l'État.

L'année 1884-1885 marqua une nouvelle étape du développement des chemins de fer indiens. Dans cette année, des lignes très importantes pour le transport du froment furent construites. Les lignes du *Bengal* et de *North-Western* qui vont de Patna et de l'East-India dans la direction du nord-ouest vers Baraich et dont un embranchement

part du milieu de la ligne (*Gorakhpur*) pour aller vers l'East-India,
vers *Ghazipur* et *Dildarnagar*, furent entreprises et livrées à l'exploitation sur une longueur de 487^{km},5 (leur longueur totale est de
812^{km},5). La ligne de *Cawnpore-Achnara* fut établie sur une longueur
de 400^{km},6, celle de *Rewari-Ferozepore* fut reliée par une voie d'environ 483 kilomètres avec celle de *Rajputana-Malwa* ; on termina
123^{km},0 du chemin de fer de *Sind-Sagar*, qui va de *Sher-Sha*, près de
Mooltan, à la rive gauche de l'Indus et enfin 104^{km},5 de l'embranchement *Amritsar-Pathankot*.

L'ensemble du réseau était le suivant :

ANNÉES.	KILOM.	ANNÉES.	KILOM.
1874	10002,1	1880	14976.6
1875	10489.1	1881	15917
1876	10994.3	1882	16323.3
1877	11781,1	1883-84	17128.7
1878	13214,17	1884-85	19314
1879	13665.2		

L'extension des lignes de chemins de fer augmenta dans une
énorme proportion le transport du froment. Tandis qu'en 1872 les
quantités de froment transportées étaient :

	Sur l'East-Indian.	Sur le Great-Indian Peninsula.	Sur le Sind-Punjab et Delhi.
	tonnes [1].	tonnes.	tonnes.
En 1872.	49168	170668	68501
Elles s'élevaient déjà :			
En 1876 à.	198587	431324	93098
Et en 1884 à. . . .	525879	56871	42093

L'augmentation très notable de l'exportation du froment dans
l'année 1885-1886, comparativement à 1884-1885, en dépit des prix
très bas, s'explique par l'extension si favorable des voies ferrées qui
a marqué l'année 1885.

Parallèlement avec ce développement des chemins de fer dans
l'Inde, eut lieu la création de nouvelles routes. Quelques canaux
furent aussi livrés à l'exploitation. L'importance de ces derniers est
cependant toujours restée secondaire pour le commerce d'exporta-

---

1. Tonne de 1000 kilogr.

tion. Dans toutes les vallées où coulent des fleuves navigables, mais qui sont desservies par un chemin de fer, ce dernier a plus ou moins supplanté le transport par voie d'eau. A l'ouverture de l'*East-India-Railway*, les bateaux à vapeur cessèrent de faire le transport sur le Gange et la flottille des vapeurs de l'Indus perdit toute importance, lorsque la ligne de *Kurrachee* à *Mooltan* fut construite.

Le tableau suivant résume les réseaux de transport qui, dans les différentes régions de l'Inde, ont une importance réelle :

| | EN KILOMÈTRES. | | |
	VOIES D'EAU.	ROUTES.	CHEMINS DE FER.
Punjab	4305,7	3961S,4	965,4
Provinces du Nord-Ouest. .	844,7	3520S,1	1834,6
Provinces du Centre . . .	2128.7	4582.9	1184.2
Oudh	2653,2	8407.0	461.8

5. — *Prix de transport.*

Les diminutions dans le prix de transport, qui se sont produites dans le courant des dix dernières années, ont eu une influence très favorable sur l'exportation du blé. L'année 1873 est, dans cet ordre d'idées, une date marquante. Elle apporta des réductions importantes dans le tarif des frais de transport du froment sur les routes principales. D'autres diminutions furent faites encore en 1875 et en 1883.

Au 31 décembre 1884, les frais de transport du froment étaient les suivants :

1° Sur le *East-Indian* pour les expéditions à Calcutta (*Howrah*) pour une distance de :

       1^{km},6 à 1609 kilomètres, 0^f,101^c par tonne et par 1^{km},6 (mille anglais).
       101   à   450   —   0 0506   —   —
    Au-dessus de   450   —   0 0453   —   —

2° Sur le *Great-Indian-Peninsula* :

    0^f,064 à 0^f,102 par tonne et par 1^{km},6.

3° Sur le *Sind-Punjab* et *Delhi* :

    0^f,087 par tonne et par 1^{mk},6.

4° Sur l'*Indus-Valley* :

0^f,0197 à 0^f,696 par tonne et par 1^{km},6.

5° Sur le *Punjab-Northern* :

0^f,058 par tonne et par 1^{km},6 pour les premiers 160,9 kilomètres.
0^f 045 par tonne et par 1^{km},6 pour plus de 160.9 kilomètres.

6° Sur le *Rajputana-Malwa* :

0^f,122 par tonne et par 1^{km},6 pour les premiers 160.9 kilomètres.
0 .0087 par tonne et par 1^{km},6 pour 162,5 à 321,8 kilomètres.
0 .0052 par tonne et par 1^{km}.6 pour 323,4 à 643,7 kilomètres.
0 .0035 par tonne et par 1^{km},6 au-dessus de 643,7 kilomètres.

7° Sur la ligne Bombay-Baroda et *Central-India* :

0^f,052 à 0^f,10 par tonne et par 1^{km},6.

8° Sur le *Oudh* et *Rohilkhand* :

0^f,058 à 0^f,069 par tonne et par 1^{km},6.

9° Sur le *Bengal* et *North-Western* :

0^f,087 par tonne et par 1^{km},6.

D'après le tableau précédent, les frais de transport du blé dans l'Inde oscillent entre 0 fr. 0345 et 0 fr. 122 par tonne et par 1^{km},6 ; les deux prix extrêmes existent dans les tarifs de la ligne Rajputana-Malwa ; la grande moyenne des prix de transport est la moitié des deux prix extrêmes que nous venons d'indiquer, c'est-à-dire environ 0 fr. 07 c. par mille anglais, soit 0 fr. 048 par kilomètre et par tonne.

Le tarif a été établi par les différentes compagnies indiennes d'après trois principes ; le prix de transport est réglé : 1° soit d'après une unité fixe par tonne et par 1^{km},6 ; 2° soit d'après une classification qui diminue les prix de transport au fur et à mesure que la distance augmente, ou bien encore, 3° d'après des tarifs indépendants les uns des autres pour les différentes routes, et basés sur des considérations diverses : ce tarif ne s'applique qu'aux cas où le transport a lieu sans bifurcation.

On a fait valoir comme devant motiver de la part des compagnies indiennes l'établissement d'un tarif défavorable à l'expéditeur, le fait que ces compagnies n'ont pas à craindre la concurrence d'autres lignes et qu'elles peuvent jouir du monopole, ce qui ne se présente pas généralement en Amérique. Cette remarque n'est juste que jusqu'à un certain point.

Bien qu'on compte dans l'Inde peu de lignes de chemins de fer qui aient des réseaux parallèles, il y a encore une très grande partie des districts qui cultivent le froment spécialement pour l'exportation et ne font pas leurs expéditions par un seul chemin de fer. Notamment dans le pays d'où l'on expédie le plus de grains, c'est-à-dire dans la vallée du Gange, il y a trois lignes de chemins de fer différentes qui se rattachent aux trois ports d'exportation : Calcutta, Bombay et Kurrachee et vont à la frontière des provinces nord-ouest et du Punjab ; ce sont les lignes de l'*East-Indian*, *Rajputana-Malwa and Sind*, *Punjab and Delhi*. Chacune de ces lignes tâche d'obtenir les expéditions et fait aux autres la concurrence. De même, l'*East-Indian* et le *Great-Indian-Peninsula* se font concurrence pour le transport des céréales dans la contrée de *Jubbulpore*. Derrière les chemins de fer, se tiennent inquiets les agents de transport maritime des ports, qui supportent aussi les conséquences de cette concurrence entre les lignes. C'est ainsi qu'on est amené d'un côté ou de l'autre à faire de temps en temps un sacrifice, en abaissant les tarifs de transport. Justement, ces dernières années nous ont donné le spectacle de ces sacrifices.

Comme indication sur l'état de choses futur, nous donnerons ici l'histoire des tarifs de transport, de préférence dans la direction de Bombay, qui est le port d'exportation le plus important.

En septembre 1875, le *Great-India-Peninsula-Railway* diminua es frais de transport du blé venant des provinces du centre d'environ 30 p. 100. Le prix était encore plus élevé que sur l'*East-Indian*. Et, bien qu'une exportation beaucoup plus considérable sur Bombay s'en suivît, il fallut un temps assez long pour que cette augmentation fût suffisante pour compenser l'abaissement de tarif. Les prix de transport pour les stations les plus importantes étaient les suivants [1] :

1. Voir *Great-Indian-Peninsula-Railway rates and fares*. Bombay, 1877.

DE BOMBAY vers	KILOMÈTRES.	PAR 100 KILOGR. en francs et centimes.
Jubulpur (Jubbulpore)	991.1	4ᶠ,37ᶜ
Narsingpur.	907.4	4 ,37
Gadarwara	864,0	3 ,81
Harda	670,9	3 ,25
Nagpur ⎰ stations du « Great-India-Peninsula » (sur	836,7	4 ,05
Badnera ⎱ un embranchement secondaire)	662,9	4 ,05

Les prix du tarif général étaient de :

Environ 0ᶠ,097 par tonne et par 1^{km},6 pour une distance de 1^{km},6 à 643^{km},6.
  —   0 ,083   —   —   643^{km},6 à 965^{km},4.
  —   0 ,077   —   —   au delà.

En novembre 1881, le *Great-Indian-Peninsula* éleva un peu ses tarifs, comme suit :

DE BOMBAY à	P. 100 KILOGR.
Jubulpur	4 51
Narsingpur	4 51
Gadarwara.	4 51
Bayra (768 ^{km})	4 51
Harda	3 91
Nagpur [1]	4 19
Badnera [1]	4 19
Paras (561^{km},6)	4 19

Cette élévation du tarif fut notifiée par le *Great-Indian-Peninsula-Railway* le 13 janvier 1881, pour être mise en vigueur le 24 du même mois. Aussitôt la chambre de commerce de Bombay prit ses mesures. Elle obtint d'abord un ajournement au 1ᵉʳ mai de cette élévation des tarifs. On alarma les autorités du royaume, qui appelèrent l'attention de la compagnie sur le dommage que pouvait lui causer une telle mesure. Mais elle ne céda pas et, en novembre 1881, les nouveaux tarifs reçurent leur application. La somme des quantité transportées ne diminua pas. C'est seulement au 1ᵉʳ novembre 1883 que ces taxes furent de nouveau abaissées pour la ligne *Jubbulpore-*

____

1. Nagpur et Badnera se trouvent sur un embranchement du *Great-Indian-Peninsula*.

Bombay aussi bien que pour *Nagpore-Bombay*, à 3 fr. 98 c. les 100 kilogr., et de la même façon dans les autres directions. Actuellement, sur la ligne *Jubbulpore-Bombay* le tarif le plus bas pour le transport du blé de Jubbulpore à Kalkutta est de 3 fr. 53 c. par 100 kilogr., tandis que sur la ligne de *Nagpur-Bombay*, qui n'a pas de concurrence à craindre, le tarif minimum est de 0 fr. 076 par tonne et par mille (1^{km},600).

A peu près en même temps que l'élévation du tarif sur le *Great-Indian-Peninsula-Railway* (1881), un relèvement semblable se produisit sur la ligne de *Bombay-Baroda and Central-India*, et sur le *Rajputana-Malwa*. Cette élévation de tarifs fut l'objet de discussions encore plus ardentes que la première. Le 19 novembre 1881, la chambre de commerce de Bombay envoyait au secrétaire d'État du gouvernement de Bombay un factum, où il était répondu à une remarque du gouverneur général des Indes, qui avait dit que le principe le plus important pour l'établissement de tous les tarifs de frais de transport était l'assimilation des tarifs de *Delhi* et *Agra* vers *Bombay*, d'une part, et vers *Calcutta* de l'autre. La chambre de commerce répliquait, en opposant ce fait, qu'après ce dernier relèvement, le transport vers Bombay était encore de 25 p. 100 plus cher que celui vers *Calcutta*. En effet, le transport *Delhi-Bombay* (1430^{km}) coûtait :

> Avant l'élévation du tarif. . . . . 5^f 03 par 100 kilogr.
> Après   —   —   . . . . 6 50   —

Le Gouvernement répliqua à la chambre qu'en dépit du tarif de transport très bas de *Delhi* à *Calcutta*, il voyait le trafic augmenter beaucoup plus sur la ligne de *Bombay* et que les marchands de *Calcutta* se plaignaient justement de leur côté de la concurrence de Bombay. Enfin, malgré cela, en 1882, survint un abaissement du tarif de Delhi à *Bombay*[1] à 5 fr. 66 c., en même temps qu'une légère dimi-

---

1. Les frais du transport de 100 kilogr. de blé à Bombay s'élevaient à :

	Sur l'embranchement de la ligne de Baroda.	Sur l'embranchement de la ligne Rajpatana.	ENSEMBLE.
De Delhi (1430 kilom.).	1^f 89^c	3^f 77^c	5^f 66^c
De Agra (1363 kilom.)	2 06	3 56	5 62
De Ajmera (988 kilom.). . . .	2 51	2 76	5 27

nution du transport de *Delhi* à *Calcutta*, 4 fr. 68 c. La petite différence qui subsistait encore entre ces deux tarifs, suffit à alarmer la
chambre de commerce de *Bombay*. On revint sur l'incident par une
publication du 19 février 1883, et on montra que la différence de
0 fr. 418 par 100 kilogr., au bénéfice de *Calcutta*, était minime
par rapport aux prix élevés d'envoi de *Calcutta*, mais que *Bombay*
avait un grand désavantage. Avant que cet écrit, qui accordait la con-
cession d'une différence, fût parvenu au gouvernement de *Calcutta*,
celui-ci avait engagé les deux compagnies de chemins de fer en
question à baisser le prix de transport du froment de Delhi à Bombay à 4 fr. 61 c. par 100 kilogr. et protégé ainsi la chambre de
commerce de Bombay plus qu'elle ne le demandait.

En même temps, le gouverneur général exprima son désir qu'aucun port de mer ne fût l'objet d'une préférence, et il déclara que le
Gouvernement n'interviendrait plus à l'avenir dans les modifications
de tarifs. Les chemins de fer doivent être laissés libres et indépendants vis-à-vis de la concurrence.

Nous n'avons pas encore parlé des routes qui mènent à *Kurrachee*.
Ce sont celles de *Sind-Punjab* et *Delhi*, *Indus-Valley*, et le *Punjab-
Northern-Railway*.

Voici le tarif jusqu'à *Bombay* :

DE BOMBAY à	DISTANCE en kilomètres.	PRIX DU TRANSPORT par tonne de 1000 kilogr. et par t^{km},6.
Delhi.	1428^{km},7	0^f 063
Meerut	1491 5	0 067
Umballa.	1694 2	0 069
Ludiana.	1798 8	0 070
Umritsur	1935 6	0 071
Lahore	1987 1	0 072
Rawal-Pindee	2267 0	0 075
Attock	2368 4	0 076
Peshawur	2429 2	0 0757

DE KURRACHEE à	DISTANCE kilométrique.	PRIX DE TRANSPORT par tonne et par t^{km},5.
Delhi.	1880^{km},9	0^f 060
Meerut	1816 5	0 060
Umballa.	1613 8	0 061

26 LE COMMERCE DES BLÉS.

DE KURRACHEE à	DISTANCE kilométrique.	PRIX DU TRANSPORT par tonne et par 1^{km},6.
Ludiana.	1507^{km},6	0 062
Umritsur	1372 4	0 062
Lahore	1320 9	0 063
Rawal-Pindee.	1600 1	0 062
Attock	1701 5	0 063
Peshawur	1772 3	0 068

De *Ferozepore* à *Kurrachee* les prix ont été élevés, depuis mai 1884, de 0 fr.0052 par 100 kilogr. et par 1^{km},6.

Un dernier coup d'œil sommaire nous montre que le développement du trafic relatif au froment sur les lignes indiennes a commencé en 1873 et s'est accru après les abaissements de tarifs de 1873, 1875 et 1883.

Cette marche ascendante fut interrompue un instant en 1881, à cause de l'élévation du tarif de transport sur quelques lignes importantes. La diminution dans le prix de transport a été d'environ 0 fr. 038 par tonne depuis 1873, et, en comparaison du tarif moyen en usage avant cette époque, cette diminution correspond à environ 40 p. 100.

Nous arrivons maintenant à la discussion relative au transport par mer. Le prix du fret maritime se chiffre de la façon suivante pour le froment expédié des Indes vers l'Europe :

Prix du transport (1885) pour une tonne marine de froment de 16 cwts (812^k,800) expédiée de Bombay à Londres, Liverpool, et vers les ports italiens pour des destinations plus éloignées par (18 cwts = 900 kilogr.), sur les bâtiments de la Société Rubattino :

Sur :	30 janv.	27 févr.	27 mars.	24 avril.	22 mai.	30 juin.	FRET MOYEN par tonne de 1000 kil.
Londres. . . .	29^f 69^c	29^f 69^c	28^f 12^c	29^f 69^c	29^f 69^c	21^f 87^c	31^f 59^c
Liverpool . . .	29 69	29 69	29 69	29 69	29 69	21 87	34 90
Anvers	34 37	34 37	31 25	31 25	35 00	29 69	36 28
Hàvre.	35 94	34 37	32 81	32 81	35 94	29 69	37 32
Marseille . . .	32 81	27 80	32 81	31 25	34 37	20 30	39 11
Ports italiens. .	37 50	37 50	37 50	37 50	43 75	31 25	46 14

Vers :	25 juill.	25 août.	25 sept.	30 oct.	27 nov.	25 déc.	FRET MOYEN par tonne de 1000 kil.
Londres. . . .	20f 31c	20f 31c	21f 87c	25f 00c	21f 87c	17f 18c	25f 05c
Liverpool . . .	20 31	18 75	21 87	25 00	18 75	17 18	24 09
Anvers	26 56	23 44	25 00	29 69	25 00	25 00	28 55
Hâvre	25 00	25 63	25 00	29 69	26 56	25 00	29 05
Marseille . . .	48 43	25 00	24 37	29 69	25 00	23 44	32 58
Ports italiens. .	26 56	31 25	31 25	37 50	35 94	31 25	39 73

Des trois ports principaux de l'Inde, Bombay offre le fret le moins cher vers l'Europe et Calcutta, d'ordinaire le prix de transport le plus élevé. Voici d'ailleurs des chiffres exacts [1] :

Trafic vers Londres par hectolitre.

1882.	DE CALCUTTA.		DE BOMBAY.	
1er trimestre.	4f 05c	à 5f 01c	3f 87c	à 4f 80c
2e —	3 80	— 5 23	3 40	— 4 15
3e —	3 58	— 4 51	2 80	— 4 15
4e —	2 83	— 4 05	2 08	— 3 26
1883.				
1er trimestre.	4 30	— 5 01	3 58	— 4 15
2e —	3 33	— 5 16	2 97	— 4 01
3e —	2 80	— 3 33	2 08	— 3 58
4e —	2 36	— 3 33	1 86	— 2 97
1884.				
1er trimestre.	1f 89 à 2,36		1f 86 à 2,36	

Prix de transport jusqu'à Londres, de Kurrachee, par hectolitre.

En 1882.		
1er trimestre.	3f 44c à 4f 08c	
2e —	3 44	4 30
3e —	3 44	3 98
4e —	2 65	3 98
En 1883.		
1er trimestre.	3 87	4 10
2e —	3 44	4 10
3e —	2 65	3 44
4e —	2 36	2 65
En 1884.		
1er trimestre.	2 36	2 86

---

1. D'après Norman, *Competitive supply of wheat to Europe by India and America*, m *Chamber of Commerce Journal*. 1885. p. 216.

Kurrachee est de 238^{km},1 plus rapproché de l'Europe que Bombay[1]. Si, malgré cela, ce dernier port offre le fret à meilleur marché, cela tient en première ligne à ce que Bombay est de beaucoup le port d'importation le plus important[2]. Des circonstances analogues font que le fret pour l'Angleterre est moins élevé que celui des navires qui se rendent dans les ports de la Méditerranée. On constate surtout, en jetant un coup d'œil sur les tableaux précédents, ce fait inattendu, qu'à l'exception de Marseille, le fret croît presque proportionnellement avec les faibles distances qui séparent les ports européens pour le même poids. Liverpool fait seul exception et présente un fret un peu plus bas que Londres.

6. — *Appréciation de la qualité du froment indien.*

Nous avons signalé au début de cette étude l'estime que professent maintenant les négociants européens pour les qualités du blé d'Inde, comme une circonstance heureuse qui a favorisé grandement l'extension de l'exportation indienne. « Dans les premiers temps », dit un mémoire de la chambre de commerce de Bombay (11 février 1884), « le froment d'exportation n'était qu'un échantillon d'essai, parce que la qualité de cet article n'était pas connue. Aujourd'hui, il a une aussi bonne renommée sur les marchés de l'Europe que les variétés de froment des divers pays. » Sur la demande du secrétaire d'État de l'Inde, on a fait en 1879, 1881 et 1883[3] des recherches importantes sur les blés de l'Inde, la première fois sur 1000 et la seconde sur 192 échantillons. La troisième série d'essais conduisit à

---

1. D'Aden à Kurrachee, il y a 2381^{km},320
   —   Bombay   —   2677   ,376
   —   Kalkutta   —   5414   ,285 si l'on aborde à Galle et à Madras.
Pour Londres, les distances sont les suivantes :
   Bombay — Londres . . . .   9782^{km},720
   Kurrachee — Londres   9654   ,000
   Kalkutta — Londres   13005   ,517
2. Valeur des transports de blé vers Bombay de 1875 à 1884 : 3 925 000 000 fr. ; vers Kurrachee : 190 000 000 fr.
3. Voir Watson, *Report on Indian Wheat*. London, 1879. *Supplemental*, id. 1881 et *Further papers*. 1883.

l'appréciation suivante : « A toute personne qui connaît les exigences des marchés de blé et de farine d'Angleterre et des autres pays, il paraîtra évident que jamais le blé indien ne sera demandé pour la meunerie, sans qu'on le mélange à d'autres blés mieux renommés. Cependant, ces blés indiens ont les mêmes propriétés caractéristiques de grande siccité et une saveur de haricot extrêmement aromatique, qui dans tous les pays sont considérées comme une des qualités premières des bonnes sortes de blé. La farine est blanche, le pain dense et dur, et de croûte cassante. Un meunier habile peut avec ce blé obtenir plus facilement, et avec plus de bénéfice, une farine qui donnera un pain dont la couleur, l'aspect, la consistance et la saveur seront celles qui plaisent à tous, et cette farine sera très avantageuse pour le boulanger. Nous pouvons maintenant affirmer que les blés indiens sont, au plus haut degré, utilisables. Leur grande siccité et leur état sain les rend propres à remplacer les blés anglais qui se trouvent souvent dans des conditions d'humidité déplorables. Tel fut le cas d'une grande partie des récoltes dernières : c'est d'ailleurs l'état de tous les blés qui n'ont pas été récoltés par le beau temps. Le fermier sait trop bien, à ses dépens, que la moisson se fait presque toujours en Angleterre par un temps pluvieux très défavorable à la récolte. Si l'on prend en considération la sécheresse parfaite du blé indien, et qu'on tienne compte de la quantité et de la qualité de la farine qu'on en retire, on le classera au premier rang des blés que doit rechercher le meunier ; il n'a besoin que d'un traitement rationnel pour donner les résultats les plus satisfaisants... Le rendement en farine fourni par ces sortes de froments n'a jamais été atteint jusqu'à ce jour ; il donne entre 77.46 et 80.52 p. 100 de farine, tandis que le blé anglais ne donne que 65.2 p. 100 et le blé américain 72.2 p. 100. Ces chiffres parlent hautement en faveur du produit indien. Le fait suivant présente une signification d'une importance presque égale. Le prix qu'on offre sur le marché de Mark-lane pour un blé indien est le même que celui offert pour un blé anglais ou américain ; ce qui montre que la haute valeur de ce blé est déjà reconnue ici et sera bientôt appréciée aussi également sur tous nos marchés. La saveur de haricot n'est pas un inconvénient important ; car lorsque le blé est bien nettoyé, qu'il a été acheté chez un marchand sûr, et qu'on le mélange avec 25 à 50 p. 100 de blé anglais ou autre, ou de blé américain, il possède une saveur fine, douce, laiteuse ou rappelant celle de la noix. D'après tout ce qui vient d'être dit, il est clair que le blé indien offre un bénéfice plus élevé au meunier et au boulanger que toutes les autres sortes. »

À vrai dire, au début, comme c'est arrivé il y a cinquante ans aux blés russe et hongrois conduits pour la première fois sur les marchés français, les blés indiens ont rencontré aussi, à cause de leur dureté, des difficultés pour pénétrer dans la consommation européenne. Mais ces difficultés ont vite disparu pour les blés indiens comme pour les autres.

7. — Résultats.

Nous avons pesé chacun des facteurs qui ont aidé à l'extension de l'exportation du blé indien. Si nous cherchons maintenant à exprimer en chiffres, autant qu'il est possible, l'influence actuelle de chacun d'eux sur l'exportation, nous arriverons aux chiffres suivants :

PLUS-VALUE DU BLÉ INDIEN dans l'Inde comparativement à son prix en Angleterre, par hectolitre [1].	DROITS DE DOUANE à la sortie par hectolitre	GAIN par l'agio par hectolitre.	SOMME QUI RESTE au marchand indien pour le transport, les frais d'expédition et son bénéfice. Différence par hectolitre.	EXPORTATION du FROMENT en quintaux métriques.
—	—	—	—	—
1870 [2] 5f 73c	0f 93c	0f 89c	5f 68c	127000 [3]
1871. . . . . 15 51	0 93	0 36	14 92	325120
1872. . . . . 14 11	0 93	0 54	14 29	198120
1873. . . . . 14 47	néant.	0 75	14 88	894082
1874. . . . . 14 18	néant.	0 75	14 76	543561
1875. . . . . 10 85	néant.	0 86	11 71	1275082

1. Le prix de l'hectolitre de blé s'élevait en Angleterre : en 1870 à 20 fr. 17 c. ; en 1871 à 25 fr. 22 c. ; en 1872 à 24 fr. 54 c. ; en 1873 à 25 fr. 22 c. ; en 1874 à 23 fr. 97 c. ; en 1875 à 19 fr. 42 c. ; en 1876 à 19 fr. 84 c. ; en 1877 à 24 fr. 39 c. ; en 1878 à 19 fr. 95 c. ; en 1879 à 18 fr. 84 c.. en 1880 à 19 fr. 06 c. ; en 1881 à 19 fr. 49 c. ; en 1882 à 19 fr. 38 c. ; en 1883 à 17 fr. 87 c. et en 1884 à 15 fr. 33 c. Comparez les prix dans l'Inde, inscrits dans les tableaux des pages 174 et 175.

2. 1870 = 1870-71 et de même pour les autres années.

3. De cette quantité de blé, 4368qm,8 furent seuls expédiés en Grande-Bretagne ; le reste du blé exporté trouva en tous cas un débit à des prix qui s'harmonisaient mieux que ceux de Londres avec les prix de l'Inde.

PLUS-VALUE DU BLÉ INDIEN dans l'Inde comparativement à son prix en Angleterre, par hectolitre.	DROITS DE DOUANE à la sortie par hectolitre.	GAIN par l'agio par hectolitre.	SOMME QUI RESTE au marchand indien pour le transport, les frais d'expédition et son bénéfice. Différence par hectolitre.	EXPORTATION du FROMENT en quintaux métriques.
1876. . . . . 11ᶠ 43ᶜ	—	1ᶠ 18ᶜ	12ᶠ 61ᶜ	2829565
1877. . . . . 13 25	—	1 50	14 76	3235966
1878. . . . . 4 51	—	2 69	7 20	538481
1879. . . . . 2 86	—	2 69	5 55	1117602
1880. . . . . 7 67	—	1 93	9 64	3779527
1881. . . . . 9 89	—	1 72	11 57	10109220
1882. . . . . 9 78	—	1 86	11 64	7208534
1883. . . . . 7 81	—	1 86	9 56	10668020
1884. . . . . 5 59	—	1 90	7 49	8051816

Pour expliquer certains chiffres de ce tableau, il est nécessaire de faire remarquer que les années 1870, 1875, 1876, 1878 et 1879 sont des années de mauvaises récoltes, et les chiffres qui représentent la plus-value dans ces années doivent être regardés comme exceptionnels. Si maintenant, cette exception faite, nous examinons les différences moyennes qui sont le bénéfice du marchand, pour le commencement et la fin de la période, nous voyons que notamment en 1871, 1872, 1873, 1874 et 1877, il retire un bénéfice de 14 fr. 79 c. par hectolitre et pour les années 1880, 1881, 1882, 1883 et 1884, 9 fr. 96 c. par hectolitre.

La diminution extraordinaire de cette différence s'explique facilement par ce fait que dans ces dix dernières années, le prix du blé n'a pas diminué dans l'Inde, tandis qu'il a subi une baisse énorme en Europe. Le prix du froment dans l'Inde était, en 1884-1885, le même qu'en 1874-1875 : en Grande-Bretagne il est, en 1884, de 8 fr. 60 c. inférieur au prix de 1874. La diminution des bénéfices du marchand indien eût été naturellement beaucoup plus grande si, depuis 1871-1872 jusqu'à ces dernières années, l'agio n'avait pas toujours été en augmentant et si l'exonération de droits de douane ne s'était pas produite.

On peut se demander maintenant si cet écart a été supporté par le vendeur indien ou s'il est corrélatif d'une diminution des frais d'exportation et, par conséquent, sans rapport avec le bénéfice du vendeur. Dans la période que nous venons de considérer, l'abaissement des frais de transport par voie de terre est d'environ 2 fr. 15 c. par hectolitre. La diminution du transport par mer peut être regardée comme un peu plus élevée encore.

Dans les premières années de la période 1870-1880, le fret était de 49 fr. environ par tonne. Présentement il est, en moyenne, de 22 fr. 15 c. De ce chef, il y a donc une diminution de près de 27 fr. par tonne, soit 3 fr. 14 c. par hectolitre. Comparé à ce qu'il était au moment de l'essor de l'exportation indienne, l'écart total entre le prix du blé en Angleterre et son prix dans l'Inde, pour la période de 1880-1884, est de près de 4 fr. 74 c. par hectolitre en faveur du marché anglais. Il ne serait donc pas besoin d'une diminution dans le gain des intermédiaires pour amener une diminution du prix du blé indien sur le marché anglais.

Le rapport entre les prix anglais et ceux du marché indien est moins favorable à ce dernier, si on considère l'année 1884 seule, et plus défavorable encore, si l'on n'envisage que l'année 1885. Pour pouvoir livrer au cours si bas de cette année, le commerce indien paraît devoir être obligé de renoncer à une partie des bénéfices qu'il réalisait jusqu'à ce jour.

CHAPITRE II.

L'agriculture dans l'Inde orientale.

1. — *Pluies et climat.*

Au point de vue des variations de la température et du régime des pluies, on distingue dans les Indes trois saisons[1] : la saison fraîche qui commence quand la pluie cesse, dans les premiers jours d'octobre et dure jusqu'en février ou mars ; la période des chaleurs, de

1. Comparez Hann, *Handbuch der Climatologie,* 1883, p. 301 et suiv.

mars jusqu'au commencement de la pluie, en juin, et enfin la saison des pluies, de la fin de juin à la fin d'octobre.

Pour l'agriculture d'une année, la période des pluies est décisive. Ces pluies sont amenées par un vent appelé *Sud-West-Monsun* (mousson S.-O.) qui, après avoir traversé l'immensité de la mer arabique, arrive, saturé de vapeur, en juin à la côte ouest de la péninsule indienne par 20 degrés de latitude Sud et même par 16°, avec une violence plus grande encore ; ce vent parcourt alors le pays dans toute sa largeur, c'est un vent O.-S.-O. ; puis, quand il s'approche de la baie de Bengale, il passe de plus en plus du Sud-Ouest à la direction Sud, souffle comme vent du Sud dans le delta du Gange, se transforme en vent du Sud-Est dans la vallée du Gange, pour sauter ensuite au Nord-Ouest et s'éteindre enfin en s'approchant du domaine de l'Indus. Son mouvement est celui d'un cyclone. Mais les vents d'Est, malgré leur importance décisive pour les provinces du Nord-Est et le Punjab oriental, ne sont en fait qu'un tourbillon plus petit perdu dans le violent cyclone du courant sud-ouest, qui pendant l'été est en mouvement au-dessus de l'Asie du Sud. Comme ces vents ne prennent qu'une faible part au mouvement général, ils succombent bien plus souvent que les autres aux troubles produits par des variations insignifiantes dans la pression atmosphérique. C'est là qu'il faut rechercher la cause des fréquentes famines qui se produisent précisément dans les provinces du Nord-Ouest.

C'est par le pays de *West-Ghats*, chaîne occidentale des collines frontières de l'Inde orientale, que le *Monsun* fait son entrée dans l'Inde ; il y abandonne une très grande partie de la vapeur d'eau qu'il contient : c'est pourquoi cette contrée est celle de l'Inde où les pluies sont les plus fortes. Sur les plateaux élevés du *Deccan*, le *Monsun* abandonne la dernière partie de l'humidité qu'il peut céder et il arrive relativement sec dans la baie de Bengale pour s'y saturer d'eau à nouveau. Il apporte cette eau en grande quantité à *British Birma* et au delta du Gange occidental, où il donne naissance à d'abondantes pluies et cède enfin dans son chemin vers le Nord et le Nord-Ouest son reste d'humidité.

Le tableau suivant donne les quantités d'eau tombées dans l'Inde :

Pluies annuelles.

1	Station du Monsun . . .	{ Bombay	1^{m},75
		Mangalore.	3 ,83
2	— —	{ Secunderabad, près de Hye- derabad	0 ,69
		Madras.	1 ,27
3	— —	Kalkutta	1 ,56
4	— —	Allahabad, ...	1 ,08
5	— —	Delhi	0 ,75
6	— —	Mooltan	0 ,22
7	— —	Rohri sous le 27°45' de lati- tude dans l'Indus. . . .	0 ,088

Dans la partie nord de l'Inde, une seconde petite pluie tombe en hiver, qui, pour les céréales d'hiver, parmi lesquelles compte le froment, est de la plus grande importance, tout en étant en quantité, inférieure à la pluie amenée en été par le *Monsun*. Ces pluies d'hiver durent, avec intervalles, en janvier, février et mars et atteignent leur maximum en janvier dans les provinces du Nord-Ouest. Ces pluies qui, pour les contrées qu'elles frappent, peuvent être considérées comme fortes, sont représentées dans le tableau suivant :

Simla	1^{m},58
Murree.	1 ,54
Rawalpindi	0 ,92

2. — *Arrosage. (Irrigation.)*

Dans la zone aride, où la chute de pluie annuelle est moindre que 0^{m},38, ce qui est le cas de tout le domaine de l'*Indus*, où elle amène la crue des cinq fleuves qui l'arrosent et de la moitié sud de la région du *Punjab*, l'irrigation est absolument indispensable, si l'on veut obtenir un résultat en culture. Elle est aussi nécessaire partout dans la zone sèche, où la chute de pluie annuelle est inférieure à 0^{m},76, zone qui comprend le reste du *Punjab,* le district ouest des provinces du Nord-Ouest et le cercle *Meerut*. Dans cette zone, sont compris aussi *Delhi* et *Agra*.

Enfin la dernière zone, où la chute d'eau est de 1^{m},25 par an, et à laquelle appartiennent presque toutes les autres contrées où l'on cultive le froment, c'est-à-dire la plus grande partie des provinces du Nord-Ouest, *Oudh*, l'Inde centrale, *Berar*, les provinces orientales centrales de *Nagpur* et le domaine de la présidence de Bombay, n'exige l'irrigation que pour assurer les récoltes en cas d'absence de pluie, les rendant indépendantes de ces dernières. L'irrigation garantit cette région contre les mauvaises récoltes et la famine. Les domaines dans lesquels la quantité de pluie est considérable et où l'irrigation n'est employée que dans le but d'augmenter le rapport de la terre (ce qui est d'un grand profit), sont en très petit nombre.

L'irrigation des terres est une pratique extrêmement ancienne dans les Indes. L'histoire des canaux d'irrigation les plus importants, encore employés aujourd'hui, remonte au quatorzième siècle. A d'autres ouvrages on attribue un âge de 1500 ans. Mais en somme, la plupart de ces travaux ont été exécutés sous la domination anglaise.

Quoique nous anticipions sur la conclusion que nous tirerons plus tard, nous dirons tout de suite que la culture du froment est pratiquée de préférence dans la partie de l'*Indus* arrosée par les fleuves, les pays du Gange, de *Narbada* et de *Tapti*.

Le bassin de l'*Indus* se divise en deux parties, le pays de *Sind* sur le trajet du tourbillon et le *Punjab*, le domaine des cinq fleuves.

Dans le *Sind*, qui appartient à la présidence de Bombay et qui est d'une importance relativement faible au point de vue de l'exportation du froment [1], la quantité de pluie annuelle est à peine égale à 25°,39. Le sol est formé de sable qui absorbe avidement toute l'humidité et l'eau, amenée par le tourbillon, ne s'emmagasinant pas dans les couches du sol, filtre rapidement à travers le sable jusqu'aux profondeurs du sous-sol. Une culture sur des champs non irrigués est impossible dans le *Sind*. La surface cultivée de 910 507 hectares est

---

1. Dans les considérations concernant l'exportation du froment indien, on compte souvent les provinces dans lesquelles se trouvent les ports d'exportation, comme les contrées où ce froment est produit. Ce n'est qu'exceptionnellement et pour la plus petite part, que ce cas se présente. En règle générale, ce sont les pays situés plus en avant dans les terres qui produisent le froment envoyé dans les ports d'exportation. Ce n'est pas le *Sind*, mais le *Punjab* qui apporte le froment à *Karrachee*, et de même *Calcutta* ne s'approvisionne pas au *Bengale*, et *Bombay* ne tire qu'une faible partie de son froment de la Présidence.

absolument dépendante des soins plus ou moins habiles qu'on apporte à son irrigation. Les canaux qui empruntent leur eau au tourbillon sont de deux sortes : *des canaux d'inondation* qui ne se remplissent que par les pluies torrentielles et *des canaux d'État* qui amènent l'eau d'une façon régulière. Les premiers sont l'œuvre des gouvernements précédents ou de la population agricole elle-même ; les derniers ont été construits par les Anglais. En outre, il existe par milliers, des puits où les eaux se rassemblent sur un lit d'argile à une petite profondeur. La surface régulièrement irriguée dans le *Sind* a été, en 1880, de 728 406 hectares.

Le *Punjab*[1] est un grand pays d'alluvion, constitué par de la terre argileuse, provenant de la destruction des roches qui forment encore les masses montagneuses élevées du Nord de la province. Les qualités du sol sont très différentes suivant la proportion de sable mélangée à cette terre compacte. Ce sable vient le plus souvent des fleuves, qui l'abandonnent en se retirant après une crue ou quand ils changent de lit. Le vent emporte aussi du sable et le dépose sur-le-champ. On ne trouve nulle part de grosses pierres à la surface du sol ; même les galets calcaires et les conglomérats de cailloux sont rares et pour cette raison, les matériaux qui servent à entretenir les routes sont très chers. Les grands torrents qui donnent leur nom à la province coulent suivant la direction nord-sud : tout espace compris entre deux fleuves s'appelle « Doab » ou littéralement : pays d'entre-torrents. Chaque *Doab* est au plus haut point stérile, dans la partie du milieu : cela vient du « *Reh* », c'est-à-dire d'une croûte de sel qui recouvre le sol et le rend incapable de porter des récoltes : c'est la conséquence de la crue pendant le temps des pluies. L'eau profonde monte à cette époque, dissout les sels, et quand l'eau redescend, l'humidité disparaît rapidement sous l'action du soleil et le sel s'effleurit à la surface. De la partie du milieu jusqu'aux bords des fleuves, le pays descend, le sol prend une couleur gris-brun, qui devient jaune dans les endroits où la proportion de sable mélangé est considérable ; plus on s'approche du bord des fleuves, plus le sol devient fertile.

---

1. D'après Schlagintweit, *Indien*, 1884.

La moitié nord du *Punjab* est la seule qui puisse être considérée comme plus favorisée que le *Sind* par la nature, au point de vue de la pluie ; mais, en revanche, dans le Sind l'irrigation est partout plus facile. Dans la partie nord, qu'arrose le cours supérieur des cinq fleuves, on préfère utiliser des puits dont la profondeur varie entre $3^m,05$ et $9^m,15$. Dans le Sud, jusque du côté du *Sind*, les canaux d'inondation sont en faveur. Par l'emploi de pareils canaux, la contrée très étendue de *Mooltan*, entre les fleuves *Sadley* et *Chenab*, est transformée en une série de jardins florissants. Pendant l'hiver, l'eau des fleuves n'est pas assez élevée pour se rassembler dans les puits et dans les canaux ; mais, aussitôt qu'au printemps, les masses de neige de l'Himalaya fondent et descendent dans la vallée pour augmenter le niveau des rivières, les puits et les canaux se remplissent entièrement. La quantité d'eau recueillie est très grande en été, si bien que quand on en a besoin depuis avril jusqu'en octobre, on en a encore une abondante provision.

Un grand nombre de canaux d'inondation ont été créés sous le régime anglais. La longueur de ces canaux ne dépasse nulle part 160 kilomètres. Ils sont maintenus en bon état par la population. Les propriétaires du pays forment des associations et partagent les frais qui incombent à chaque village.

Les canaux d'état du *Punjab* nord sont de gigantesques entreprises. Les plus importants sont les canaux de *Bari-Doab*, de *West-Jumna* et de *Sirhind*. Les premiers desservent les districts *Gurdaspur*, *Amritsar*, *Lahore* et *Montgomery*, entre les fleuves *Ravi* et *Sutley*. Ils ont une longueur de 1720 kilomètres, arrosent (1880-1881) 149 727 hectares et exigèrent jusqu'en 1882-1883 une dépense de 37 250 000 fr. Les canaux de *West-Jumna*, dont la longueur est la même, partent de *Jumna* dans une direction ouest parallèle au cours du Gange, qui, en cet endroit, coule avec la plus grande impétuosité et ils arrosent dans le cercle de Delhi et Hissar (1880-1881), 121 400 hectares. Les frais d'établissement se montaient en 1882-1883 à 21 millions de francs. Les troisièmes canaux, appelés canaux de *Sirhind*, sont près d'être terminés maintenant : le capital qu'ils nécessitent est représenté par la somme de 101 750 000 fr. Leur domaine se composera des deux districts du cercle *Umballa* et des États limitrophes, comme le district de *Ferozepore*, du cercle de *Lahore*. La partie du *Punjab* arrosée déjà en 1878-1879 comprenait 2 893 398 hectares, dont 732 454 hectares arrosés par les canaux d'État, sur un territoire cultivé total de 9 509 768 hectares.

Dans les provinces du Nord-Ouest, nous signalerons les grands canaux d'État de l'*Ost-Jumna*, d'*Agra*, du Gange supérieur et du Gange inférieur. Leurs longueurs respectives sont : 1203^k,7 ; 785^k,3 ; 4808^{k}5, et 3466^k,4 ; ils arrosent (1880-1881) des surfaces respectives de 103 191 hectares, 64 915 hectares, 312 406 hectares, 255 347 hectares et les sommes dépensées pour leur établissement jusqu'en 1882-1883 ont été les suivantes : 6 800 000 fr. ; 19 750 000 fr. ; 65 000 000 fr. ; et 60 000 000 fr. Les canaux de *Jumna-Est* partent sur la rive gauche du *Jumna*, de *Rajpur* vers *Delhi*; les canaux d'*Agra* sur la rive droite du *Jumna*, de *Delhi* vers *Agra*, pendant que les canaux du Gange vont, entre *Jumna*, le Gange et *Ramganga*, dans la direction du fleuve, de *Hardwar* vers *Allahabad*. En résumé, dans les provinces du Nord-Ouest (1882-1883), 2 755 809 hectares, sur 10 420 278 hectares de terre cultivée, sont arrosés, savoir : 613 481 hectares par les canaux d'État et 2 120 476 hectares par les ouvrages particuliers.

Oudh n'a pas de canaux d'État. Une chute de pluie suffisante, des inondations périodiques, de nombreux amas d'eaux stagnantes, suffisent à alimenter les installations d'irrigation privées. Sur 3 965 776 hectares de terre cultivée (1882-1883), 1 197 826 hectares sont irrigués.

Le Bengale possède deux systèmes de canaux d'État importants et sur les deux côtés du Gange ; dans les districts de *Shahabad* (*Sunkanal*) et de *Sarun* (*Sarunkanal*) qui confinent aux provinces nord-ouest. La surface irriguée en Bengale par les moyens privés ou d'État représente 404 671 hectares sur 22 256 905 hectares de terre cultivée.

Dans la présidence de Bombay (non compris Sind) on a entrepris seulement sur une petite échelle l'installation de canaux d'État. La surface irriguée atteint 226 610 hectares, mais la région où l'on cultive le blé n'y est justement pas comprise. 8 902 762 hectares représentent la culture totale de cette province.

Dans les provinces du Centre, il n'y a que des irrigations privées : 311 597 hectares sur 5 732 165 hectares sont irrigués.

Berar aussi ne compte que des entreprises d'irrigation privée : 19 019 hectares irrigués sur 2 960 168 hectares de terre cultivée.

Le tableau suivant résume d'ailleurs la proportion p. 100 des surfaces irriguées dans les différentes provinces de l'Inde.

| | EN P. 100 DE LA SURFACE CULTIVÉE. | | |
| | PAYS IRRIGUÉ | | SURFACE |
	par les canaux d'État.	par les entreprises privées.	totale irriguée.
Sind (1880)	?	?	80.0
Oudh (1882-1883)	»	38.0	38.0
Punjab (1879-1880)	8.0	23.0	31.0
Provinces du Nord-Ouest(1882-1883)	5.7	20.0	25.7
Berar (1882-1883)	»	6.5	6.5
Bombay (1882-1883)	?	?	5.5
Provinces du Centre (1882-1883) .	»	5.0	5.0
Bengale (1880)	?	?	1.8

La surface totale irriguée dans toute l'Inde représente 12 140 130 hectares.

La longueur des canaux d'État était, en 1882-1883, égale à :

| | CANAUX principaux. | CANAUX de distribution. |
	Kilomètres.	Kilomètres.
Dans l'Punjab.	5077,3	2573,2
— les provinces du Nord-Ouest . .	2331,8	8899,4
— l'Bombay avec Sind	1432,2	3440,6
— Bengale.	1010,6	3126,8

Les sommes dépensées par les Anglais pour l'établissement des irrigations forment aujourd'hui un total de 750 000 000 de francs ; pour leur continuation, on dépense encore chaque année 17 500 000 fr. pris sur le crédit annuel des travaux publics qui a été élevé de 62 500 000 fr. à 87 500 000 fr.

On prélève un impôt appelé le *Water-Rate* pour l'emploi des canaux d'État, dont le produit est destiné à payer les intérêts des capitaux engagés et qui s'élève en moyenne dans l'Inde entière à 15 fr. 44 par hectare de terre irriguée. A Bombay et dans le Bengale, le produit de cet impôt est inférieur à la somme des intérêts annuels du capital primitif et cependant, il monte dans une forte proportion, en dépit des frais élevés d'entretien qui atteignent en moyenne à 41.6 p. 100 du revenu, soit 6 fr. 43 par hectare.

3. — *Exploitation du sol.*

L'irrigation est dans l'Inde le moyen de fertilisation du sol le plus fréquemment employé : un bétail proportionné à l'étendue des terres et la fumure de celles-ci sont une exception. Les Anglais ont cherché particulièrement à améliorer l'état actuel de la culture par l'installation d'établissements modèles ; mais les résultats obtenus jusqu'à présent sont des plus minimes. Un regard jeté sur les chiffres du revenu tiré du sol montre combien peu le paysan indien sait utiliser les avantages énormes du climat tropical. La moyenne du rendement du sol à blé dans l'Inde est de 472 litres par 4046 m. q. (ce qui correspond à environ 11.68 hectolitres par hectare).

Mais, ce qui fait le plus défaut, c'est le bon bétail. En voici la statistique :

	1881-1882.	1878-1879.	1876.
Punjab.	»	6121000	»
Oudh	»	»	4947000
Provinces centrales.	5435000	5374000	»
Bombay	6647000	5870000	»
Berar	1728000	1729000	»

La statistique des provinces du Nord-Ouest manque complètement. Proportionnellement aux exploitations européennes, le nombre de têtes de gros bétail n'est pas inférieur. La présidence de *Bombay* et le *Punjab* ont 1 tête de gros bétail par 1ʰ,618, *Berar* par 1ʰ,720 ; les provinces centrales par 1ʰ,133 et *Oudh* par 0ʰ,8093. Les chiffres relatifs aux provinces du Centre doivent représenter aussi à peu près ceux des provinces du Nord-Ouest. En Europe, la statistique du gros bétail est renfermée dans les mêmes limites, comparativement au nombre d'hectares. Pourtant, la France, ce pays dont l'agriculture est si développée, possède une proportion moins grande de gros bétail que celle qu'on rencontre dans les provinces pauvres des Indes, où on cultive le froment.

Le nombre des chevaux, porcs, moutons et chèvres de l'Inde est certainement beaucoup plus faible.

	CHEVAUX.	PORCS.	MOUTONS et chèvres.
Punjab 1878-1879)	110006	41161	3864013
Provinces du Centre (1881-1882) .	101322	116476	788611
Bombay (1881-1882).	126347	»	3083380

Dans les pays européens, on compte :

	EN MILLIERS DE TÊTES.			
	Gros bétail.	Chevaux.	Moutons.	Porcs.
Grande-Bretagne (1884). . . .	6269	1414	26068	2584
Irlande (1884)	4112	480	3243	1506
Allemagne (1883)	15786	3522	21830	9206
France (1882).	11617	2845	23132	6260
Autriche (1880)	8584	1463	4848	2722

Les différentes espèces de bétail de l'Inde ont peu de poids, à l'exception de celles de quelques contrées. Le bœuf, la vache de zébut, pèsent en moyenne 159 kilogr. L'alimentation et l'entretien de ces bestiaux sont très mauvais : le bétail est affamé. « Dans une grande partie du Royaume, écrit le département de l'agriculture indienne, une grande mortalité règne chaque année pendant six semaines sur le bétail. Les vents chauds se déchaînent, toute la verdure est détruite, les plantes fourragères susceptibles de conservation ne sont pas cultivées ; le fourrage de l'année précédente a été consommé à l'époque où le bétail a été maintenu à l'étable pendant les irrigations de printemps. Tout ce que le paysan peut faire maintenant pour le bétail est de chercher une ressource alimentaire dans les feuilles des quelques arbres et arbrisseaux qu'il peut trouver et dans les racines des gazons et des plantes, qui croissent sur le bord de son champ. Il s'en tire dans de bonnes années, mais, dans les mauvaises, il perd çà et là une tête de bétail. Mais alors arrive la saison des pluies. En une semaine, le sable brûlant est couvert, comme par un miracle, d'herbes douces mais pas mûres. Le bétail a faim, il mange, s'indigestionne et des millions d'animaux meurent alors de diverses maladies. C'est ainsi que disparaissent tous les ans dans les Indes 10 millions de têtes de bétail, dont la valeur représente 187 500 000 fr.

Au bétail et à son entretien correspond la qualité du fumier. Non seulement, le bétail donne peu de fumier, mais la plus grande partie de celui-ci n'est pas conduite sur le champ, car on emploie les excréments comme combustible à la maison. Une augmentation du fumier par l'emploi de paille comme litière est interdite par le climat : les sabots des animaux se gangrèneraient. On réunit les excréments pendant des mois dans des fosses profondes, on fait couler de l'eau dessus, on remue activement la masse et on porte sur le champ, avant les semailles, 30 à 40 charges de tombereau de l'engrais liquide ainsi préparé.

Les instruments employés dans les champs sont, comme on peut le supposer, d'une grande simplicité. La charrue n'a absolument qu'un soc, sans contre ni versoir ; elle ouvre simplement la surface de la terre, sans la déplacer et va rarement à une profondeur supérieure à 8 centimètres. Tout l'appareil est si léger que le laboureur l'emporte le matin sur son épaule et le rapporte chez lui le soir. On laboure le champ en croix et on recommence, par exemple à *Oudh*, une vingtaine de fois ; puis on promène à plusieurs reprises à la surface du sol une lourde herse qui pénètre environ de 6 à 9 centimètres et est traînée par 2 ou 4 bœufs. Le travail est mené très lentement et nécessite pour une ferme moyenne, un mois et demi. Quand les semailles sont faites, on brise les mottes de terre avec un émotteur et on égalise le sol avec une herse formée de madriers. S'il vient beaucoup de mauvaises herbes, on promène entre les sillons un lourd râteau traîné par deux bœufs, ce qui est aussi d'un bon effet pour la récolte. La préparation complète est terminée quand on a entouré le champ d'une haie d'épines. Le labour, les semailles et les hersages emploient presque trois mois pleins.

La récolte est moissonnée avec une petite faux. Un mois entier est nécessaire pour cette opération. Ensuite, on procède au battage, en faisant fouler les gerbes par le bétail, ou bien en les battant sur un billot de bois.

Le nombre des charrues existant dans les différentes provinces est le suivant :

Punjab (1878-1879)	1803278
Provinces centrales (1881-1882)	1076596
Bombay (1881-1882)	977816
Berar	108691

Les améliorations dans la pratique agricole paraissent être empê-
chées dans l'Inde, moins par la mauvaise volonté de la population
que par le manque d'argent de celle-ci. Les impôts, les fermages et
les intérêts de la dette laissent bien peu au cultivateur pour améliorer
ses terres.

CHAPITRE III

Impositions, dettes et conditions de dépendance du paysan dans l'Inde orientale [1].

Une organisation d'impôts fonciers existe dans l'Inde depuis la
domination mahométane. Abkar, qui régna de 1556 à 1605, entreprit le premier un arpentage et une estimation du rendement de la
terre, pour établir, sur ces bases, un impôt foncier calculé en argent
d'après les prix des dix dernières années et montant au tiers du
revenu brut. Au début, on établissait chaque année le rendement
du sol : dans la suite, tous les dix ans seulement. On objecta alors
que ce tiers, pris par l'impôt, représentait la rente intégrale du
fonds. Les Mogols réclamèrent effrontément ce revenu comme étant
les seuls propriétaires du sol et du fonds.

Cette création d'impôt faite par Abkar ne survécut pas au trouble
qui suivit le renversement du Grand Mogol (1761). Chacun des gouvernements qui se succédèrent chercha, sans tenir compte du dommage causé par cet impôt exagéré, à tirer les plus grosses sommes
possible des cultivateurs. Ils se servirent pour cela des fermiers
d'impôts répandus sur une très grande partie de l'Inde.

Puis, la Péninsule fut soumise à la domination britannique. La
Compagnie des Indes maintint en partie cette forme de l'impôt : on

1. Nous avons été forcés de sortir, dans ce chapitre, du cadre spécial que nous nous
étions tracé pour cette étude. Premièrement à cause de la difficulté très grande d'é-
courter des pièces importantes pour notre point de vue spécial et aussi parce qu'en
employant un pareil procédé, les bases nécessaires pour estimer les conditions de chaque
situation particulière nous auraient fait défaut.

Le haut intérêt que présente cette question, qui n'a jamais été traitée jusqu'ici
dans la littérature allemande, si loin que nous remontions, est notre justification.

trouva trois droits de possession sur la Péninsule et c'est sur eux qu'on assit l'impôt.

Au Bengale qui le premier appartint (1757) à la Compagnie de l'Inde orientale ainsi que quelques territoires acquis plus tard, principalement dans l'Est, on en arriva à un état de quasi-fermage et de quasi-possession de fonds appelé *Zamindari, Talukdari* ou *Malguzari* : l'impôt foncier leur fut appliqué par les Anglais. Le « *Zamindari settlement* » est encore en vigueur actuellement au Bengale, dans la province nord-est de *Madras*, à *Oudh* et dans les provinces centrales.

Dans une grande partie de l'Inde du Sud et du Sud-Ouest, à *Berar* dans la présidence de *Bombay* et dans la plus grande partie de la présidence de *Madras*, on trouva un paysan établi, sous le nom de *Rayat* ou *Ryot*. Ce paysan fut imposé et cette forme d'impôt foncier prit le nom de « *Rayatwari* ».

Dans le *Punjab* et les provinces du Nord-Ouest, existait la communauté du village ; on ne pouvait donc, dans ce cas, frapper l'habitant d'un impôt foncier ; il fallait imposer le village en bloc. De là l'origine d'une troisième forme d'impôt, « *village system of settlements* ».

Nous avons vu précédemment que la Compagnie des Indes orientales avait trouvé établi dans le Bengale un état de quasi-fermage et de quasi-possession de fonds.

Pour expliquer plus complètement la chose, il est bon de dire que la plupart de ces quasi-possesseurs étaient d'anciens fermiers d'impôts ou même les descendants de générations de fermiers d'impôts. Alors qu'ils occupaient ce dernier poste, il leur était arrivé d'établir un protectorat sur les villages où ils exerçaient leurs fonctions, protectorat qui peu à peu se transforma en une espèce de possession du sol vis-à-vis des fermiers. Quand la Compagnie des Indes orientales entreprit la surélévation des droits dans les contrées conquises, elle trouva dans le *Zamindari* une organisation extraordinairement utile pour l'élévation de ces droits. Le *Zamindar* était solvable ; on pouvait passer un contrat avec lui. On le fit dès le début, sans rien changer à la situation primitive. Le quasi-possesseur était bien autorisé à administrer son *Zamindari* (son domaine) ; mais il pouvait, à tout instant, être dépossédé par le Gouvernement. En cas de mort, son héritier avait le privilège de prendre le *Zamindari*. Le *Zamindar* pouvait lui-même prescrire la rente de fermage à ses *Ryots*, mais sous la garantie du cautionnement habituel et avec la convention que le Gouvernement pouvait seul fixer en dernier lieu le montant du fermage. Le profit qu'il tirait annuellement du fermier était autorisé, mais il devait fournir le compte de toutes ses recettes. Les contrôleurs du Gouvernement étaient chargés de le surveiller.

Dans l'année 1793, les *Zamindars*, à la suite d'une nouvelle réglementation de l'impôt foncier dont nous allons parler, devinrent des *Landlords*, de véritables propriétaires, d'après ce principe que celui qui répond du paiement de l'impôt d'une terre, doit être considéré comme le propriétaire de cette terre.

Quand la Compagnie des Indes prit directement en mains l'administration du Bengale (1772), elle s'en tint, pour l'estimation de la valeur de l'impôt, aux bases établies par les gouvernements qui l'avaient précédée. Elle partit de cette hypothèse que la part des *Zamindars* dans les impôts qu'ils récoltaient était de 8 à 9 dixièmes et qu'il leur restait encore un à deux dixièmes comme rémunération de la perception de cet impôt. Jusqu'en 1791, les contrats furent renouvelés avec les *Zamindars*, en général tous les cinq ans. En 1793, après que le Gouvernement avait été exactement renseigné par une levée d'impôt effectuée en 1789, on fit une estimation ferme et invariable de la quotité de l'impôt à percevoir (*Permanent settlement*). En 1802, cette législation fut appliquée au district des *Zamindars* de la présidence de *Madras*. On pouvait fournir de bonnes raisons de différentes sortes pour appuyer ce mode d'assiette de l'impôt. On pouvait supposer que la stabilité de l'imposition enchaînerait pour toujours les propriétaires au Gouvernement, qui les garantissait ainsi contre une nouvelle élévation de charges ; qu'elle favoriserait le placement des capitaux dans la propriété foncière, rendrait les relations des fermiers avec les propriétaires pleines d'égards ; qu'enfin par cela même le bien-être de toutes les classes occupées par l'agriculture s'augmenterait peu à peu et leur permettrait de supporter plus facilement les impôts indirects.

En 1793, l'impôt foncier représenta, pour le Bengale, une somme de 71 469 300 fr.; en 1883, pour le même domaine, 90 695 875 fr., ce

qui fait un accroissement de revenu pour l'État égal à 19 226 575 fr.
pour la période de 90 ans, soit en somme ronde par an, 212 500 fr.
Cette augmentation ne doit pas être mise sur le compte de l'élévation
de l'impôt, mais elle s'explique par la possibilité qu'on a eue de faire
frapper d'impositions des terres qui en étaient autrefois exemptes.
La majeure partie de ce bénéfice (14 157 800 fr.) est représentée
par les terres du *Behar* sur lesquelles on cultive du blé.

Tandis que la somme apportée au fisc par l'impôt frappé sur les
propriétaires fonciers n'a pas varié pendant près d'un siècle, le *Zamindar* éleva le taux du fermage au fur et à mesure de l'augmentation du rendement du sol, souvent même dans une proportion plus
considérable. Il est démontré que le dixième de l'impôt qui devait
rester au *Zamindar*, d'après les intentions primitives du législateur,
lui rapporte aujourd'hui en plusieurs endroits un produit beaucoup
plus grand. Le *Zamindar* reçoit à l'heure qu'il est au Bengale, en
rentes de fermage par an, au moins 175 000 000 de francs. La
moyenne est donc environ égale à vingt fois ce dixième.

La loi de 1793, à laquelle le « *Parlement settlement* » donna une
force officielle et qui reconnaissait les *Zamindars* comme propriétaires du sol, édictait en même temps que leur devoir était de témoi-
gner aux fermiers de la bienveillance et de la modération. Les vues
du législateur furent encore expliquées d'une façon plus frappante
par les règlements sur le *Potta* (VIII de 1793 et IV de 1794) qui or-
donnaient que chaque *Ryot* devait recevoir un *Potta*, c'est-à-dire un
certificat constatant le montant de l'intérêt versé par lui et que la
forme du *Potta* serait ratifiée par les employés du district. En cas
d'un débat sur le montant de l'intérêt, c'était la cour de justice civile
qui devait décider. Un renouvellement du *Potta* sur la base d'un
fermage équitable ne pouvait pas être refusé. Enfin, les comptes
devaient être remis aux mains des calculateurs des villages et les
sommes des intérêts de fermage transcrites par eux sur un registre.

Les règlements n'en restèrent pas moins sans effet. « Il n'est pas
de loi, dit Richter Field, à laquelle l'application ait plus manqué
qu'à celle-là. » Si, d'un côté, il n'était pas de l'intérêt des *Zamindars*
de délivrer des *Pottas* qui devaient limiter leurs droits vis-à-vis des
fermiers, d'un autre côté, les fermiers n'étaient pas partisans des

Pottas, parce qu'ils redoutaient un affaiblissement de leur droit coutumier. De plus, les employés des districts ne mirent pas assez d'énergie à faire appliquer la loi. Et comme, enfin, les registres étaient tenus avec une grande négligence, quand il survenait un différend, on manquait absolument de bases pour établir une rente équitable. Dans de pareilles circonstances, il n'est pas surprenant que des augmentations arbitraires du fermage aient continué à se produire.

Malgré cela, la situation du *Zamindar* n'était pas faite pour le contenter. Il est certain que ses intérêts avaient été beaucoup plus atteints par la loi de 1793 que ceux du fermier[1]. Si cette loi lui avait trop accordé d'un côté, de l'autre elle lui avait trop pris. Le *Zamindar* était dépouillé vis-à-vis du fermier de son droit immédiat et absolu de tirer l'impôt. Il était contraint de se soumettre à une série de formalités judiciaires ennuyeuses et coûteuses qui jusque-là lui étaient étrangères. Mais, quand il était en retard de la plus petite somme vis-à-vis du Gouvernement, une partie correspondante de son bien lui était prise immédiatement et vendue. Les fermiers usaient de cela à leur profit. En l'espace de deux ans, les cours de justice furent accablées de plaintes concernant des paiements de rentes arriérées des fermiers. Dans un seul district, *Burdwan*, le nombre de ces plaintes s'éleva à 30 000. Si on suppute le nombre des décisions prises, on constate que pour les derniers venus il n'était aucun espoir de voir exécuter le jugement, « eussent-ils vécu un siècle ! ». Ce procédé enleva au *Zamindar* toute mainmise sur le fermier. La suite inévitable fut que, dans l'espace de peu d'années, nombre des plus riches *Zamindars* du Bengale furent réduits à la mendicité. Les capitalistes et les spéculateurs prirent leurs places.

Quand le législateur se fut rendu un compte exact des conséquences de la loi de 1793, il alla à l'autre extrême. Deux règlements de 1799 et 1812 décrétèrent que, quand le fermier ne paierait pas les intérêts, fussent-ils exorbitants, sa propriété serait saisie et lui-même conduit en prison. Les employés des districts furent invités à contraindre les agriculteurs à se soumettre à la formalité du *Potta*. Des règlements postérieurs (1822 et 1841) garantirent aux acheteurs

---

1. V. de Warren, *L'Inde anglaise en* 1843. Paris, 1844, p. 167 et suiv.

des pièces de terre qui étaient mises ainsi en vente pour solder des arriérés d'impôts, le droit légal de considérer comme non valables les *Pottas* du possesseur précédent du bien et d'agir à sa guise pour l'élévation du revenu et le renvoi du fermier. C'est alors que fut remise en vogue, dans le Bengale, la pratique très ancienne du *sous-fermage*, qui prit dans la première partie de ce siècle une extension très grande et plaça le *Ryot* sous la dépendance des spéculateurs en biens ruraux. Bien que le *Ryot* eût des droits légaux, il lui était impossible de les faire valoir, car les frais et les difficultés nécessités par un appel en justice l'en empêchaient.

C'est seulement lors de la prise de possession de l'Inde orientale comme colonie de la Couronne en l'année 1858, que les conditions s'améliorèrent. Déjà dans la deuxième année de l'administration par l'État (1859), on promulgua une loi concernant la situation des fermiers. Cette loi les répartit en quatre catégories : 1° ceux qui ont affermé le bien depuis le *Permanent settlement* pour un revenu invariable : ce revenu ne devrait jamais être augmenté dans l'avenir. Après cette catégorie vient la seconde classe, qui renferme les fermiers ayant loué leur terre pour le même revenu depuis vingt ans, étant admis, aussi longtemps que le contraire n'est pas prouvé, que ce revenu n'a subi aucune modification depuis le *Permanent settlement*. Chaque fermier qui possède sa terre depuis douze ans est rangé dans une troisième classe, dans laquelle une augmentation du revenu ne peut avoir lieu qu'au cas où, dans le voisinage, des terrains semblables sont soumis à la même augmentation, ou bien encore, si le rendement de la terre augmente sans que le fermier y soit pour quelque chose. Une quatrième classe de fermiers comprend ceux qui ne détiennent leurs terres à bail que depuis un nombre d'années inférieur à douze. Ceux-là font des traités libres avec le *Zamindar*, ils sont, suivant l'expression anglaise, *tenants at will*. S'ils sont en retard à la fin de l'année pour leurs paiements, ils peuvent être mis à la porte sans autre forme de procès, tandis que pour les fermiers des trois autres classes (*occupancytenants*), cela n'est possible qu'en vertu d'une décision judiciaire.

La loi de 1859 a produit d'heureux effets pour l'amélioration de la condition des fermiers. La plus grande partie des fermiers appartient jusqu'à présent à la troisième classe, aussi longtemps qu'ils n'offrent pas les conditions nécessaires pour entrer dans la deuxième ou la première classe, et là, ils sont maintenant garantis contre toute élévation arbitraire du fermage.

Malgré cela, la tension entre le fermier et le *Zamindar*, contre laquelle a lutté si efficacement le procédé de la Compagnie des Indes orientales, n'a pu être complètement dissipée. Les fermiers se sont émancipés au plus haut point, les mesures légales, prises dans ces derniers temps, ont éveillé leur attention et ils ont appris à défendre leurs droits. L'exportation croissante, pendant ces dix dernières années, des produits agricoles de l'Inde a considérablement élevé le rapport en argent du sol, sans que pour cela les *Zamindars* puissent obtenir un excédent de revenu correspondant. On promulgua même en 1875 une ordonnance, d'après laquelle la rente à payer par la troisième classe des fermiers doit être comptée d'après l'intérêt versé par la quatrième classe, déduction faite d'un escompte d'environ 20 à 25 p. 100, soit sur la base de 15 à 25 p. 100 du rendement brut du sol. Un acte de 1876 ordonna une enquête pouvant servir à l'inventaire exact de tous les titres de propriétés dans le Bengale. Mais le fermier ne put pas souvent fournir la preuve de son droit d'occupation pendant une durée déterminée, exigée par la loi de 1859, et cela donna lieu à de nombreux et très sérieux conflits.

La loi de 1859 eut bientôt montré quelles améliorations elle apportait. Mais ce n'est qu'en 1879 qu'on aborda la question de la réforme, en constituant une commission pour l'étude d'une nouvelle loi. Cette loi fut promulguée en 1885, sous la forme de l'Act VIII. D'après cette loi, on enregistre dans la troisième classe des fermiers ceux qui, jusqu'à preuve du contraire, sont installés sur une ferme depuis douze ans. La difficulté de la démonstration est de cette façon enlevée aux fermiers pour retomber sur les épaules des *Zamindars*. L'intérêt versé par un fermier de la troisième classe est susceptible d'une augmentation par contrat enregistré. Mais cette augmentation ne doit pas dépasser 12 1/2 p. 100 et une fois qu'elle a eu lieu, le revenu reste invariable pendant quinze ans. Cette loi s'occupa aussi du fermier de 4ᵉ classe, laissé jusque-là sans

droits spéciaux. Il ne peut plus être maintenant expulsé sans jugement, et cela seulement, quand la rente n'a pas été payée à l'expira-
tion de son contrat. Il a, de plus, le droit d'exiger des indemnités
pour les améliorations qu'il a faites. Quand le propriétaire veut élever la rente, il peut demander un arrêt de justice qui fixera un prix
raisonnable, et quand le fermier paye le revenu déclaré équitable
par la justice, le bail ne peut plus être augmenté pendant cinq
années.

La nouvelle loi règle, en outre, les conditions de signature d'une
sous-location. Celui qui contracte ce traité ne peut être obligé à verser un revenu supérieur de plus de 25 p. 100 à celui que payait son
prédécesseur, à moins qu'il n'existe à ce sujet un acte enregistré,
auquel cas le fermage peut s'accroître jusqu'à 50 p. 100.

Le Bengale comptait en 1882-1883, 153 543 biens et sans tenir
compte des biens au-dessous de 20 acres réoccupés, « *Lakhiray* »,
110 456 fermes dont environ 457 d'une surface de plus de 8 000
hectares. La plus grande de ces propriétés était le *Darbhanga Raj*
dans le *Behar* dont le revenu était, en 1879, de 5 404 700 fr. Puis
12 304 propriétés, d'une surface comprise entre 8 200 et 200 hectares et 97 695 dont l'étendue était moindre que 200. Le nombre des
biens augmente depuis une longue série d'années. La propriété est
extraordinairement divisée dans le *Behar*, où l'on cultive beaucoup
le blé. Dans le cercle de *Patna*, le nombre des biens a doublé dans
ces 20 dernières années.

Les provinces du Nord-Ouest, dont nous devons nous occuper
maintenant, appartiennent depuis 1800 et 1803 à la Compagnie des
Indes orientales, à l'exception d'une surface de 17 100 kilomètres
carrés du cercle *Bénarès*, qui, en 1775 déjà, avait été cédée par des
Anglais. Ce dernier domaine a été, en 1793, compris dans le *Permanent settlement* du Bengale ; pour le reste du territoire des provinces
Nord-Ouest, l'assiette de l'impôt établi par les gouvernements précédents fut maintenue pendant les dix premières années de la domination britannique et, en 1822, on tenta l'établissement d'un cadastre
fixant le produit réel de la terre. Mais cette tentative échoua devant
la masse énorme de travail qu'exigeait une pareille opération. En
1832, on commença à établir un cadastre d'après d'autres princi-

pes. On prit comme point de départ de l'établissement de l'impôt
foncier, le revenu payé réellement par les fermiers et dans le pays
où il n'existait pas de fermes, on fixa les prix, d'après la rente payée
dans la contrée voisine. L'impôt foncier ainsi établi représentait les
deux tiers du fermage. En 10 ans (1842), l'opération fut terminée.
Le calcul fut fait sur une durée de trente ans et l'impôt foncier
(non compris le cercle *Jhansi* et le domaine du *Permanent settlement*), évalué à une somme fixe de 84 305 000 fr.

Un nouveau cadastre fut commencé en 1858 et terminé en 1882.
Bien que l'imposition eût été réduite à la moitié du revenu du fermage, le total de la somme produite par l'impôt foncier fut de
7 327 500 fr. supérieure à l'ancien, c'est-à-dire égal à 91 632 500 fr.
On éleva cependant encore cet impôt dans la proportion de 12 p. 100.

La communauté du village « *Maza* » était originairement le seul
centre d'administration des impôts dans les provinces nord-ouest.
Mais, comme beaucoup de communautés avaient été dissoutes, il
fallut créer des communes cadastrales fixes (*Mahal*). La dépendance d'un de ces centres n'empêchait pas le paysan de dépendre
aussi d'un propriétaire. Le plus souvent, le village appartient à une
famille de *Zamindars*. Ceux-ci tiennent soit une *Zamindari tenure*, où l'on verse la rente dans une caisse centrale qui paye à
chacun sa quote-part, ou bien ils tiennent des *Pattidari tenures*,
où le village est déjà réparti entre les différents propriétaires, et où
chacun administre sa part et paye les droits correspondants. La soli-
darité de la garantie existe cependant aussi dans le second cas. Les
Zamindars et les *Pattidars* se trouvent aussi mélangés les uns aux
autres dans le village. Quand, ce qui est l'exception, la réunion des
propriétaires d'un village ne consiste pas en une famille, il existe
une association fraternelle appelée *Bhayachwaras*.

On compte maintenant dans les provinces du Nord-Ouest, cinq
sortes d'occupants du sol ; la terre peut être cultivée comme *Sir*,
c'est-à-dire par le propriétaire lui-même, qui est, comme tel, soit
inscrit au cadastre, soit considéré dans le village, soit accrédité,
comme *Sir* par douze années de direction de son bien. Un fermier
n'a pas le droit d'acquérir pour sa propriété ce titre de *Sir Land*.
Le *Sir Land* occupe 16 p. 100 de la surface des provinces du Nord

Ouest : 8 p. 100 de cette surface sont des fermes appartenant à des propriétaires, mais qui ne cultivent pas comme *Sir*. Sur 1 p. 100 du terrain, dans le territoire du *Permanent settlement*, il existe des fermiers privilégiés qui possèdent les droits des fermiers de la première et de la seconde classe du Bengale.

3.56 p. 100 de la surface sont occupés par les *occupancy tenants* qui ont acquis par un domicile de douze ans, la protection contre une élévation arbitraire de la rente. Enfin, 38.5 p. 100 du pays sont entre les mains des *tenants at will*. Ceux-ci peuvent être renvoyés, sur une dénonciation du propriétaire, moyennant un dédommagement pour les améliorations faites par eux et dont ils n'ont pu profiter.

Les rapports entre le possesseur du sol et le fermier, comme cela ressort de ce qui a été dit auparavant, ont été réglés dans les provinces du Nord-Ouest, comme au Bengale. D'abord, on rendit la loi de 1859 applicable aussi dans ces provinces du Nord-Ouest, sauf que la première et la seconde classe avaient une valeur limitée au district du *Permanent settlement*. Mais, là aussi, la loi montra bientôt son insuffisance. Deux lois (XVIII et XIX) de 1873 et une (XII) de 1881 y apportèrent un remède. La législation, en dehors de ce que nous en avons dit, dans notre exposé des catégories de droit d'occupation du sol, se résume aux points fondamentaux suivants : celui qui perd son droit de propriété (par suite de défaut de paiement des droits) reste comme ex-propriétaire sur une *occupancy right* de sa *Sir Land*, avec une imposition de 25 p. 100 inférieure à celle du *tenant at will*. En cas de procès, c'est sur cette même base, que sera établi le revenu à payer par l'*occupancy tenant*. Les *occupancy rights* peuvent être transmis par héritage ou transférés à un fermier moyennant une rente déterminée. Le revenu de la ferme ne peut être surélevé pendant un temps limité. Le laps de douze années, exigé pour arriver à la possession d'un *occupancy right*, est compté depuis le moment où expire un traité valable pour un temps déterminé. La rente convenue pour un *occupancy tenant* ne peut en général être augmentée pendant une durée de dix années, à l'exception du cas d'une révision de cadastre ou d'une augmentation de la surface de la ferme (par exemple par alluvion) ou bien encore d'une élévation de production, qui ne seraient pas du fait du fermier. La rente du *tenant at will* est réglée par un traité conclu avec le *Landlord*.

Les choses ont pris à *Oudh* un développement tout à fait indépendant des deux provinces, dont nous avons parlé jusqu'ici. Quand *Oudh* devint en 1856 la propriété des Anglais, on suivit le procédé inverse de celui employé en 1793 au Bengale. On y avait trouvé des fermiers imposés qu'on éleva à la position de *Landlords* : à *Oudh*, au contraire, on rencontra de puissants seigneurs féodaux, vieille aristocratie campagnarde, qu'on dépouilla de leurs droits héréditaires. Il est hors de doute qu'une grande mésintelligence fut d'abord la conséquence de cette mesure. Comme on n'avait pas pu au Bengale mettre, au début, la main sur la situation du *Zamindar* et que la nécessité de créer une classe de propriétaires, d'après le modèle anglais, avait paru évidente dans la suite, on ne voulut pas tomber dans la même faute pour le *Oudh*. Sans plus de façons, on admit que le droit des propriétaires dans le *Oudh* était une usurpation par voie de contrat. D'où on tira la conclusion qu'il fallait donner l'indépendance au *Ryot* et confisquer, dans les limites les plus étendues possibles, le droit et la propriété du possesseur du fonds. On conserva néanmoins les formes, en ne pratiquant la confiscation que dans les cas où l'on n'apportait pas une démonstration de la validité de la possession. Mais cette démonstration était proposée au propriétaire de telle façon que, dans un grand nombre de cas, il ne pouvait pas la donner. Deux tiers du *Oudh* (23 500 villages) se trouvaient, au moment de l'annexion anglaise, en possession du *Talukdar*, comme on appelait le propriétaire du fonds dans ce pays. Le *Maharadscha Man Sing*, un des plus puissants *Talukdars*, possédait 577 villages, avec une imposition foncière de 500 000 fr.; le réglement de la propriété en 1857 ne lui laissa que six villages, avec une imposition foncière de 7 250 fr. Dans un autre cas, un propriétaire fut dépossédé de 266 villages sur 378; enfin, un autre vit 155 villages confisqués sur 204 qui lui appartenaient.

L'année 1857 amena dans les Indes, comme on sait, la rébellion de l'armée qui devint générale sur beaucoup de points. Nulle part cette révolte ne fut plus violente que dans le *Oudh*. Là, les proprié-

taires en étaient les chefs et leurs anciens paysans ne manquaient pas
de les suivre. Quand, en 1858, cette révolte fut réprimée, le premier
pas vers la pacification fut la réconciliation des *Talukdars*. Deux
tiers d'entre eux, ceux qui se soumirent, rentrèrent dans leur ancienne propriété et le Gouvernement se réserva seulement le droit
de prendre des déterminations pour préserver les droits acquis du
manant. De cette réserve, cependant, il ne fit qu'un usage restreint
dans les lois de 1866 (Act XXVI) et de 1868 (Act XIX). Il faut remarquer ici que, dans le *Oudh*, il y a aussi des *Zamindars*, connus sous le
nom de *sub-proprietors*, sous-propriétaires. Ils sont en dessous des
Talukdars et abandonnent le revenu qu'ils reçoivent du fermier aux
Talukdars avec une retenue de 10 à 50 p. 100, ou bien ils adminis-
trent une *Sir-Land*[1] dans des conditions favorables. Environ 7 p. 100
de la surface sont, dans le *Oudh*, entre les mains de ces *sub-proprietors*. Quand ils sont dépouillés de leur situation comme propriétaires, ils deviennent fermiers avec *occupancy-right* et payent une
redevance qui est de 12 1/2 p. 100 inférieure à celle qu'acquittent
dans les environs les *tenants at will*. Un p. 100 seulement de la surface est entre les mains de ces *occupancy tenants*. Environ 78 p. 100
du pays de *Oudh* sont occupés par les *tenants at will*. De plus, il y
a dans le *Oudh*, encore des *Zamindars* ou *Mafrid*, propriétaires du
même genre que les *Zamindars* des provinces nord-ouest. Le nombre des *Talukdars* est de 337, dont 38 payent un impôt foncier supérieur à 125 000 fr. Sur 24 337 villages, les deux tiers appartiennent aux *Talukdars*.

L'organisation du cadastre dura, dans le *Oudh*, de 1860 à 1878.
Il sera revisé, comme dans les provinces nord-ouest, tous les trente
ans. L'impôt représente la moitié du revenu de fermage, plus 5 p. 100,
ce qui se solda en 1882-1883 par une somme totale de 34 664 325 fr.

Dans le *Punjab*, la communauté du village s'est beaucoup mieux
maintenue que dans les provinces nord-ouest. Le sol arable est par-
tagé, le pâturage est commun. L'organisation des impôts est la même
que dans les provinces nord-ouest, à cette différence près que le
Punjab, sur la plus grande moitié de la surface cultivée, a des com-

---

1. On trouve de semblables rapports à Behar dans le Bengale, avec cette différence
que le premier propriétaire s'appelle alors *Zamindar* et le sous-propriétaire *Talukdar*.

munautés de village tout à fait indépendantes et que moins de la moitié est occupée par des fermiers. La propriété est en général dans les mains de *Pattidari* ou *Bhayachwara*. La loi de 1868 (XXVIII) est consacrée aux rapports du fermier. On ne peut pas acquérir dans le *Punjab* l'*occupancy right*. C'était encore possible avant 1868. Déjà, en 1855, on émit un doute sur la justesse du principe et depuis 1863, l'opinion contraire fut l'objet d'une discussion incessante. La loi de 1868 fut un compromis entre les deux théories adverses. D'après cette loi, seuls, les anciens possesseurs du fonds ou *ex-proprietors* sont autorisés à l'*occupancy right*, en payant un revenu de fermage inférieur de 30 à 50 p. 100 au revenu du maître. Les *occupancy tenants* qui ont créé leur droit de domicile sur le fonds, ont droit aussi à un revenu inférieur de 15 p. 100 à l'intérêt usuel. Le propriétaire peut augmenter le revenu une fois en cinq ans, dans les limites légales. L'*occupancy right* peut être légué, et s'il appartient à un *ex-proprietor*, celui-ci peut aussi l'aliéner, mais avec le droit de préemption pour le propriétaire. Un *occupancy tenant* peut être expulsé de son fonds par un décret de justice, comme *ex-proprietor*, mais seulement au cas où il ne paye pas la rente de fermage. On doit payer au *tenant at will*, quand il s'en va, la plus-value donnée au domaine par les améliorations qu'il y a apportées. On ne peut lui faire payer un revenu arbitraire ; ce revenu ne peut être augmenté que par un accord entre les parties ou par un décret de justice.

Actuellement, il existe dans le *Punjab* 1677000 fermiers, dont 512000 avec des *occupancy right* et 1097000 comme *tenants at will*. L'étendue des fermes est en moyenne de 2ʰ,43. Il y a environ 2100000 fermes cultivées par des paysans indépendants et dont l'étendue moyenne est de 5ʰ,26.

Le cadastre dans les différents districts du *Punjab* a été établi à différentes époques. En 1863, une révision a été commencée et elle n'est pas encore terminée aujourd'hui. Le rapport total de l'impôt foncier a été, en 1882-1883, de 52305450 fr.

Dans les provinces centrales, les rapports entre le propriétaire et le fermier sont régis par les mêmes lois que celles que nous avons énumérées pour les autres provinces. L'obligation de payer l'impôt foncier a été imposée à ceux qui le payaient déjà auparavant. C'étaient, d'une part, les gros propriétaires fonciers appelés *Zamindars,* qui avaient hérité leur bien intégral par droit de primogéniture, et, d'autre part, les *Talukdars,* appelés dans ce pays *Talutdars,* dont les droits de propriété étaient limités par les droits inverses des fermiers. Le plus souvent, il s'agissait de ce qu'on appelait un *Malgazar,* ayant une puissance presque aussi grande que celle du *Zamindar* au Bengale, avant qu'il fût élevé à la qualité de propriétaire. Le *Malgazar* pouvait aussi, dans les provinces centrales, devenir propriétaire, mais, en même temps, l'*occupancy right* était donné à ses nombreux fermiers.

Comme loi territoriale, ce fut l'Act X du Bengale qui prévalut d'abord. Cette loi, avec son peu de conformité aux rapports spéciaux du pays, ne donna aucune satisfaction. En 1883, une nouvelle loi fut promulguée, apportant d'importantes modifications aux autres lois indiennes. Cette loi partage les fermiers en trois catégories déjà signalées : ceux qui ont un droit de résidence sans conditions (*absolute occupancy tenants*), d'autres avec un droit de résidence simple (*occupancy tenants*), et enfin les fermiers ordinaires (*ordinary tenants*).

Les premiers ne doivent subir aucune augmentation. Leur revenu est réglé sans retour par le tribunal pour la durée du cadastre ; le fermier ne peut pas être expulsé, son droit est susceptible d'être légué et vendu, mais, cependant avec la priorité de droit d'achat pour le propriétaire. Un *occupancy tenant* est, soit un ancien propriétaire, soit une personne qui, comme l'y autorise la loi, a déjà douze ans de prise de possession, ou bien encore un fermier ordinaire qui a acheté le droit de résidence (*occupancy right*). L'*occupancy tenant* ne peut être mis dehors que s'il ne paye pas la rente du fermage ; ce revenu est établi par le tribunal. Mais ce revenu doit être augmenté dans certaines limites tous les dix ans ; son droit peut être légué en ligne directe, mais ne peut être ni vendu, ni délégué sans l'assentiment du propriétaire.

Un *ordinary tenant* paye le revenu suivant un accord conclu entre le propriétaire et lui. Il ne peut être renvoyé que quand il ne paye pas, ou bien quand il refuse une augmentation de revenu en l'espace de sept ans et, dans le cas de bannissement, il peut exiger un dédommagement pour trouble (*disturbance*). Il peut acheter le droit de résidence par le paiement de la rente de fermage pendant deux ans et demi, et son droit de ferme peut être légué, mais non vendu. Pour les sous-fermiers, les articles du contrat signé ont seuls de la valeur.

Tous les droits de contrat sont cependant soumis à des conditions communes : à l'exception du cas où le contrat n'est valable que pour un temps limité, le revenu à verser peut être augmenté par suite d'améliorations faites par le propriétaire. Au moment de la révision du cadastre, le montant de ce revenu peut être modifié par la justice. La saisie pour non-paiement de la rente n'est pas admise, mais le propriétaire peut s'opposer au transport des récoltes, tout le temps que dure la plainte.

Voici la répartition des droits de propriété dans les provinces centrales :

	NOMBRE des biens.	NOMBRE des villages.	NOMBRE des copro-priétaires.	SURFACE en hectares.
Grands Zamindaris payant plus de 12 500 fr. d'impôt foncier ; avec droit de primogéniture	8	2191	15	897096
Grands Zamindaris régis par les lois actuelles.	35	1367	52	570610
Petits Zamindaris payant un impôt foncier compris entre 250 fr. et 12 500 fr.	14961	22809	40787	11983725
Communautés de villages indépendantes.	2418	629	2892	140202
Paysans indépendants.	29011	8120	34795	2509501
Donations exemptes de droits. . .	7158	1405	8521	326306
Propriétés chargées d'un cens héréditaire	1712	1544	2087	551764
Propriétés administrées par l'État .	15	15	»	5782
— achetées libres d'impôts.	12	51	51	15180
Terres sans cultures	185	192	192	82335
Total.	55545	38323	89392	17082306

Le nombre des fermiers dans les provinces centrales était, en 1882-1883, de 936 939 dont 185 125 avec un droit de résidence sans condition ; 279 881 avec droit de résidence conditionnel et 471 933 *tenants at will*. La surface moyenne des fermes variait de 7ʰ,34 à 4ʰ,45. Ces fermes représentaient environ un total de 5 017 920 hectares [1].

L'impôt foncier est aussi dans les provinces centrales égal à la moitié du revenu de la ferme : le centre collecteur de ces impôts est la communauté du village. Les premières entreprises cadastrales furent commencées en 1859 et terminées en 1869. Ce cadastre est valable pour 30 années. En 1882-1883, l'impôt foncier rapporta 15 605 925 fr.

Les rapports concernant la propriété sont de la plus grande simplicité dans la présidence de *Bombay* (sans le *Sind*). A l'exception de quelques districts qui n'ont aucune importance pour nous et de quelques endroits, où les relations des propriétaires sont les mêmes que celles que nous avons déjà constatées dans d'autres régions, à Bombay, le régime de l'agriculture est très libéral. Officiellement, on désigne sous le nom de *survey tenure* un domaine atteint seulement par l'impôt foncier. Autrefois, on distinguait dans le *Deccan* : le *Mirasdar* ou homme libre du village et le *Upri* ou étranger. Le premier avait un perpétuel *right of occupancy* et il devait contribuer avec son gain à payer les impôts du village ; le second était seulement *tenant at will*. Le gouvernement anglais les a tous deux créés propriétaires et chacun paye séparément l'impôt foncier, sans garantie pour le voisin.

L'unité sur laquelle est basé cet impôt est la *Nummer*, c'est-à-dire une pièce de champ de 1ʰ,6187 à 3ʰ,237 pour la culture du riz et de 8ʰ,093 à 16ʰ,187 pour celle des récoltes non irriguées. Le paysan peut chaque année cultiver un champ qui lui convient, ou bien abandonner la récolte de ce champ. D'après les *Nummer* qu'il possède et qui ont, soit tout à fait, soit à peu près la même valeur, l'imposition qui lui incombera est déterminée. Elle est plus ou moins forte, suivant la classe à laquelle appartient le champ. Il y a neuf classes de champs. L'impôt est calculé de façon à laisser un bénéfice au paysan pour qu'il lui soit possible d'améliorer sa culture et d'agrandir sa propriété. Cette imposition représente actuelle-

---

1. Ces chiffres, et ceux qui ont été donnés dans le tableau précédent, ont été empruntés à la même source.

ment, en moyenne, 1/15 du produit brut du sol. La révision du cadastre a lieu tous les trente ans.

Il existe dans la présidence de *Bombay* beaucoup de terres exemptes d'impôts ou simplement soumises à un seul cens héréditaire (*judi*). Ces terres, qui portent toutes deux la dénomination de *Inam*, consistent soit en propriétés données pour récompenser des services politiques, soit en propriétés soumises à des servitudes qui obligent le possesseur à remplir certains devoirs vis-à-vis de l'État et du village. De plus, il faut joindre encore les fondations religieuses pour la conservation des temples et des mosquées ; et enfin, les *Personal-Inams*, qui, quelle que puisse être leur origine, sont considérés aujourd'hui comme la propriété sans conditions de leurs possesseurs.

Dans le *Sind*, il y a des paysans indépendants et des fermiers soumis aux *Zamindars*. Les fermiers soumis à la domination des *Zamindars* sont de deux classes : ou bien ils sont, comme *hari* (laboureurs), *tenants at will ;* ou bien ils sont *mavosi hari*, fermiers emphytéotiques, c'est-à-dire par bail héréditaire ; ils versent l'impôt foncier directement au Gouvernement, et jouissent en somme des mêmes droits que les propriétaires, sauf une petite rente qu'ils doivent verser au *Zamindar*. L'élévation de l'impôt foncier se fait d'après les mêmes règles que dans la présidence de *Bombay*. L'efficacité, la durée et les frais de l'irrigation sont les bases les plus importantes sur lesquelles se fait la classification.

La prévision pour le total de l'impôt foncier, en 1882-1883, dans la présidence de Bombay était, y compris Sind, 75 909 350 fr. ; la recette 73 880 150 fr.

L'organisation est la même pour *Berar* que pour la présidence de *Bombay*. En 1882-1883, les prévisions étaient de 14 385 175 fr., la recette 14 325 850 fr.

Un phénomène général dans les Indes est l'ignorance qu'a l'indigène de la notion d'une propriété foncière, qui soit légalement définitive. Du temps des conquérants Mohammed, l'Indien considérait sa terre comme un prêt fait par le Gouvernement. Sans codification et quelque temps aussi sans notification par des actes légaux, cette idée s'est maintenue sous le gouvernement britannique. Au commencement, les Anglais paraissaient ne pas pouvoir comprendre le rôle qu'il leur fallait jouer, comme le montre particulièrement la politique du Bengale des premiers temps. Mais peu à peu, ils arrivèrent à connaître la valeur et l'importance de cette intuition et lui donnèrent de nouveau, dans la politique foncière des dix dernières années, une vivante expression. L'effort fait pour aider le fermier à acquérir le droit de résidence, se rapprochant le plus possible du droit de propriété, est le mouvement dominant de cette politique sur presque toute l'étendue de la Péninsule. Dans certains endroits, cet effort a grandi de telle façon que nous nous trouvons en présence d'une forme particulière de possession légale, qui n'est cependant pas la propriété.

La législation des propriétés indiennes est défectueuse en un point : dans le procédé employé vis-à-vis des *tenants at will*. Dans les provinces centrales seulement, où le droit de séjour peut être simplement vendu, on fournit au fermier un appui sûr, pour arriver à être *occupancy tenant*. Mais ce n'est pas le cas dans les autres provinces. Ce n'est pas seulement dans le *Punjab*, où une élévation du fermier n'est pas admise en principe, mais aussi dans les autres provinces, avec quelques réserves, cependant. Il est vrai qu'on offre au fermier le moyen d'avoir un *occupancy right*, après douze ans de droit de séjour. Mais si le propriétaire ne veut pas d'*occupancy tenant*, il ne lui est pas si difficile d'empêcher son fermier d'arriver à avoir un droit de séjour de douze ans.

La séparation, qui est née de là entre les deux classes de fermiers, l'*occupancy tenant* et le *tenant at will*, ne peut pas manquer d'avoir une influence sur l'agriculture. Dans les provinces nord-ouest, à *Oudh* et dans le Bengale, le propriétaire doit, pour ne pas laisser grandir un futur *occupancy right*, changer souvent de fermier. Celui-ci a, il est vrai, droit à une compensation pour les améliorations qu'il a faites sur la ferme ; mais, d'abord, il n'est pas certain que cette compensation lui sera payée en entier et, de plus, cet encouragement n'est pas assez fort pour l'inciter à apporter tout son travail au sol.

Une autre considération très importante et qui s'oppose à tout progrès a déjà été signalée par nous. Elle est commune à la fois à *l'occupancy tenant* et au *tenant at will*. Nous voulons parler du défaut d'argent disponible.

Les excédents de production sont, dans beaucoup de cas, absorbés par les impôts et la rente de la dette. Nous savons de plus combien l'impôt foncier est élevé : il est plusieurs fois supérieur à celui déjà si déplorable des États européens.

Voici la valeur moyenne de cet impôt pour le temps compris entre 1874-1875 et 1883-1884 et sa valeur réelle pour l'année 1883-1884 :

	1883-1884.	MOYENNE de 1874-75 à 1883-84.	MOYENNE de l'augmentation de 1874-75 à 1883-84.
	francs.	francs.	francs.
Provinces du N.-O. et Oudh .	142002625	141406525	17244100
Punjab.	49912750	49979150	6222200
Provinces centrales.	15482450	15161225	1874875
Bombay	98979550	93099550	16478750
Bengale	94796800	93684550	7677800
Madras.	112883550	107251600	17285575
Burma.	32701625	23404300	8803675
Assam	9867625	9293450	2090300
Pays sous la domination directe du Gouverneur général . .	2420475	2067325	2124175
Totaux	559067450	535347675	74751750

Les chiffres suivants, se rapportant à l'impôt foncier, sont également instructifs :

	Somme prélevée par l'impôt foncier sur 1 hectare de terre cultivée en 1882-83.	Ce qui correspond en p. 100 de la valeur des récoltes à :
Punjab	5f 92	5.6
Provinces du Nord-Ouest	9 79	7.8
Oudh.	10 81	7.8
Provinces centrales . .	2 57	3.8
Bombay.	?	7.6
Berar.	5 92	4.7
Bengale.	?	3.9

La moyenne de l'impôt foncier dans l'Inde est en tous cas supérieure à 6 fr. 17 c. par hectare.

Du côté du cercle officiel anglais, on insinua que sous les gouvernements précédents cet impôt avait été plus élevé encore. C'est ainsi que *Hunter* écrit (*The Indian empire*, p. 326) : « L'impôt foncier des Mogols représentait le tiers de la valeur des récoltes. Sous d'autres maîtres indigènes, cette valeur s'éleva jusqu'à la moitié et même les trois cinquièmes de la valeur des récoltes. L'impôt frappé par les Anglais admet bien comme base aussi le tiers, mais il a été fait tant de dégrèvements au profit du paysan, qu'en réalité l'impôt foncier ne représente que le 1/17 de la valeur du revenu[1]. »

À l'impôt foncier s'ajoute, pour le paysan, l'impôt du sel qui est une charge énorme. Tandis que l'impôt foncier rapportait, comme moyenne de 1874-1875 à 1883-1884 en nombre rond 535 350 000 fr., en 1882-1883, 546 900 000 fr. et en 1883-1884, 559 050 000 fr., le rapport de l'impôt du sel fut, dans les années correspondantes, de 156 600 000 fr., 154 450 000 fr. et 153 625 000 fr., n'atteignant cependant pas tout à fait le tiers de l'impôt foncier.

L'état obéré du fermier, que nous allons examiner, est, pour la plus grande partie, d'origine récente. Sous les gouvernements qui ont précédé la domination britannique, la dette, pour des motifs divers, était assez restreinte. La terre avait une valeur moindre qu'aujourd'hui, les droits qui la protégeaient étaient un peu plus efficaces et surtout les autorités ne permettaient pas l'expulsion d'un paysan qui acquittait les droits, pour éviter qu'une parcelle payant l'impôt ne fût perdue pour le fisc.

La première modification qui, sous le régime britannique, apporta un avantage au créancier, fut l'établissement de tribunaux civils qui entreprirent l'inscription de la dette. On remit sur pied, de cette façon, une foule de prêteurs d'argent, appartenant aux classes inférieures. « La protection apportée par les tribunaux », écrit déjà M. *Inverraty* en 1858, « est tout entière favorable aux intérêts du *Marwari*, lequel sait exactement comment il peut utiliser cet avantage. La situation des deux parties n'est pas, pour cette raison, celle d'un créancier et d'un débiteur, mais bien celle d'un *Marwari* fourbe, couvert par la justice, vis-à-vis d'un paysan sans aide, qui a signé un document, sans savoir exactement ce qu'il contenait et qui est tout à fait impuissant pour revendiquer ses droits contre le créancier. On avait espéré qu'en fortifiant les droits de résidence et de possession des fermiers, on leur donnerait l'aisance et la possibilité d'acquit-

---

1. Pour des données plus complètes sur l'impôt foncier à l'époque des Mohammed, consulter surtout Hunter (*The indian empire*, pages 240 et suivantes et page 252).

ter leurs dettes ; mais, bien souvent, c'est le contraire qui est arrivé. Dans bien des régions, ces lois ont conduit le paysan à étendre sa culture, opération qui exigeait l'emprunt de capitaux. Partout, elles ont élevé le prix de la propriété foncière et sont devenues la cause de l'augmentation de la dette du paysan dans une proportion énorme.

Le paysan indien est un régisseur insouciant, qui oublie l'avenir pour ne penser qu'au présent. Ses épargnes ne sont pas capitalisées, mais mangées, ou, dans le cas le moins mauvais, employées à acheter des parures. Aussi, quand il se présente une nécessité extraordinaire, le paysan est-il obligé d'avoir recours à l'emprunt. Comme « circonstances exceptionnelles » qui jettent le paysan dans les dettes, se présentent les événements imprévus, survenant dans sa famille. Le paysan est, dans ce milieu, la victime des préjugés de la société, qui exigent déjà de lui des dépenses exorbitantes au moment des funérailles de son père. Les frais de mariage augmentent considérablement aussi la dette du paysan. Un homme qui gagne 12 fr. 50 c. à 15 fr. par mois, dépense une année de gain au mariage de sa fille. Il est obligé d'agir ainsi, par les préjugés de sa caste[1]. Vis-à-vis de cet homme qui ne sait pas écrire et qui ne connaît qu'approximativement la valeur et le chiffre du billet qui représente sa dette, se tient un usurier sans conscience qui, par ses ruses malhonnêtes, met la main sur son avoir. Comme petit marchand de village, il fait des affaires avec tout le monde : si le cultivateur a besoin d'une avance, il la lui fait. Pour le paiement en récoltes de la dette, il exige un quart en plus qu'il n'a donné ; ou bien encore, il préfère décider le débiteur à ne vendre ses récoltes à aucun autre qu'à lui. Quand le terme du paiement est arrivé et que le débiteur peut payer, le créancier ne lui laisse de ses récoltes qu'une partie infime. Mais quand la récolte est mauvaise et que le paysan n'a pas le moyen de remplir ses devoirs, le moment est venu pour l'usurier d'exiger le

---

1. L'exorbitance des dots a été, jusqu'à une époque très rapprochée, la cause de meurtres fréquents d'enfants nouveau-nés du sexe féminin dans les régions isolées, notamment dans le centre de l'Hindoustan et dans le Punjab ; si bien que, pour 100 garçons, on y trouvait à peine quelques filles. Les lois sévères (1862 et 1870) réussirent à mettre un terme à ces crimes.

paiement et il met le paysan à la porte de sa ferme et de sa maison. Enfin, le taux de l'intérêt dans l'Inde, qui, tout récemment, était de 12 p. 100 dans les placements les plus sûrs, s'élève pour le paysan à 37.5 p. 100 par an et même 50 p. 100, sur avance sur riz, sans que cette taxe exorbitante soit considérée comme usuraire.

On a peu de données précises sur le montant de la dette du paysan dans les différentes régions du pays. Parmi les contrées qui nous intéressent et où la dette est la plus élevée, nous citerons au premier rang le *Deccan*. Puis, viennent le *Punjab*, les provinces centrales, *Oudh*, et les provinces du Nord-Ouest, qui ont presque exactement la même dette.

Dans le *Deccan*, il y a environ un tiers des paysans endettés. Là aussi on a employé des mesures énergiques pour essayer d'enrayer l'endettement. La loi appelée *Southern India Agriculturist's Relief act de 1879* visait ce but[1]. L'*act* s'occupe d'abord des petits débiteurs qui ne doivent que 125 fr. Quand le tribunal s'est convaincu que le débiteur est dans l'impossibilité de payer la somme totale, il l'oblige à verser une somme proportionnelle à ses ressources et le libère du reste. La situation des débiteurs de sommes plus considérables fut réglée par l'*Insolvency Act*. Aucun paysan ne peut être conduit en prison au sujet d'une dette d'argent. Aucune propriété immobilière d'un paysan ne peut être saisie pour défaut de paiement, ni vendue, à l'exception cependant du cas où cette propriété est la garantie toute spéciale de la dette. Mais, même dans ce cas, la vente ne peut avoir lieu que quand, pendant une durée de fermage ne dépassant pas vingt années, on n'a pu obtenir un seul franc sur le montant de la dette. Dans d'autres cas, où il n'est pas intervenu de conventions spéciales, la cour de justice peut décider que le débiteur restera sur la ferme pendant un temps, qui ne doit pas dépasser sept années, pour payer le créancier et que celui-ci devra lui abandonner une partie de ses récoltes pour subvenir à ses besoins et à ceux de sa famille. Après les sept années écoulées, le débiteur est libre. Quand le débi-

---

1. Le texte de cette loi se trouve dans le livre de R. Meyer, intitulé : *Heimstätten und andere Wirthschaftsgesetze* (Berlin, 1883), pages 185 et suivantes, et dans celui de L. von Stein : *Die drei Fragen des Grundbesitzes* (Stuttg., 1881), pages 211 et suivantes.

teur demande lui-même à la justice sa réhabilitation (*relief*) suivant les conditions légales, voici comment l'affaire se passe : sa propriété mobilière, excepté ses habits de travail, peut être vendue. Sa propriété immobilière est divisée en deux parties, dont une est mise de côté comme garantie du créancier et l'autre cultivée par les membres de sa famille, pour arriver au paiement de sa dette. Les affaires d'argent qui viennent en justice sont l'objet d'une enquête précise, et même, en cas d'accord entre les parties, une estimation exacte du montant de la dette est faite judiciairement, d'après les données normales. Le paysan peut aussi provoquer l'établissement d'un pareil bilan, quand bien même il n'y a pas de plainte déposée. Dans les villages, il existe des conciliateurs (*conciliators*), qui sont investis du droit d'arbitrage et devant lesquels doit être discuté, avant d'être porté en justice, tout conflit à propos de la dette. En 1881, il y avait 313 de ces agents qui intervinrent dans 69 531 cas, mais qui, dans 36 869 de ces cas, ne parvinrent pas à établir un arbitrage. D'ailleurs, la loi ne semble pas avoir une grande efficacité. Elle a bien limité le crédit personnel et le crédit réel du fermier ; malgré cela, le nombre des achats et celui des contrats augmentent, tandis que la terre passe peu à peu entre les mains des usuriers et que le paysan devient un fermier.

Pour rendre le paysan au moins un peu indépendant de l'usurier, le Gouvernement lui-même est intervenu comme prêteur, pour aider aux améliorations. Il n'a obtenu un succès considérable que dans le *Punjab*. Dans cette région, il fit en 1883-1884 un total d'avances qui se montait à 939 450 fr. Il fut constaté que ces avances étaient remboursées avec une grande ponctualité.

Mais, dans la Présidence de *Bombay,* les offres de prêts du Gouvernement ne furent pas accueillies de même. Un rapport de 1875-1876 présente comme un fait étonnant, qu'en dépit du revenu énorme que le paysan devait payer au « *Saukar* », il préfère encore s'adresser à lui que d'accepter les avances du Gouvernement. Le Gouvernement offrait des avances de fonds, d'une entière sécurité, à un intérêt de 6 1/4 p. 100 par an, payables par annuités ; mais, on utilisa très peu ses offres. Bien plus, quand le Gouvernement, lors de l'inondation de *Alsmabadad,* offrit aux paysans pauvres une avance de

25 000 fr. sans leur demander d'intérêts, sa proposition ne fut pas acceptée. Cela vient de ce que les *Saukars*, craignant de voir quelques-uns de leurs clients leur échapper, leur garantirent des facilités que plus tard ils leur refusèrent.

Un très petit nombre de paysans seulement est en état de tenir tête à un banquier; et les rapports, sans formes, avec le *Saukar* leur sont plus agréables que les formalités difficiles et les paiements à époque stricte des termes, qu'exige le Gouvernement.

Pour la question de l'endettement, en dehors de la Présidence de Bombay, le *Punjab* seul nous fournit quelques renseignements. Là, en 1882-1883, on vendit sur une surface de 68 343ʰ (13 538 fermes), un lot de 17 877ʰ pour un prix de 7 866 900 fr., soit en nombre rond, un quart du domaine qui tomba ainsi dans les mains étrangères à la culture. L'étendue de ces aliénations correspond presque exactement à la prédominance des usuriers. En somme, ces derniers sont au *Punjab* possesseurs de 21 447 563 hectares, de sorte qu'à l'heure présente, un peu moins de 1/10 p. 100 de la propriété passe annuellement dans les mains de l'usurier.

Il est cependant douteux que ces chiffres aient une valeur réelle, au point de vue de la constatation de l'état de la dette. Ils peuvent être tout aussi bien interprétés (et cela semble être la réalité) de la façon suivante : le créancier trouve plus avantageux de laisser travailler pour lui le paysan dans le *Punjab*, de tirer une rente de son excédent, et de placer ensuite son argent à 37 p. 100 et plus, que de s'emparer des fermes et d'avoir toujours à chercher de nouveaux clients pour s'en défaire. Mais, d'un autre côté, cette considération est trompeuse, parce que dans les régions où la communauté du village existe, le fonds endetté d'un membre de la communauté est aussi souvent acheté par la communauté que par un homme du pays, pour éviter l'introduction dans la commune d'un étranger.

CHAPITRE IV

La production en froment de l'Inde orientale.

Le froment est cultivé dans toutes les parties de l'Inde orientale situées par 16° de latitude Nord, à l'exception des côtes Est, du delta du Gange, du pays appartenant au *Brahmapoutra* et de la partie ouest des *West-Ghats*.

Entre le 16° et le 20° parallèle, le froment est cependant relativement peu cultivé, et ce n'est qu'au Nord de cette étendue, que commence réellement son domaine, dont voici la surface :

```
Dans le Punjab. . . . . . . . .    34.9 p. 100 de la surface cultivée.
Dans les provinces Nord-Ouest. .   24.2        —            —
Dans les provinces centrales. . .  18.8        —            —
A Oudh . . . . . . . . . . . . .    9.6         —            —
A Bombay . . . . . . . . . . . .    8.4         —            —
A Berar . . . . . . . . . . . .     3.9         —            —
A Madras . . . . . . . . . . . .    0.14        —            —
```

Au *Punjab*, on cultive le blé dans tout le pays, excepté à l'extrémité sud de la province où la proportion de terres à blé est moindre ; dans les provinces du Nord-Ouest, c'est le cercle *Meerut* et le *Rohilkand*, partie ouest de ces provinces, qui portent les récoltes de froment les plus importantes; dans les provinces centrales, c'est la moitié Nord-Ouest et dans le *Oudh*, la moitié Nord, où la culture du froment domine.

Voici, d'après un mémorandum du « *Revenue and Agricultural Department* » de l'Inde publié en 1885, et un autre publié en 1884, la moyenne normale de la surface cultivée en blé :

	Hectares.		Hectares.
Dans le Punjab.	2832697		
Dans les provinces Nord-Ouest et Oudh. . .	2266157	—	2508960
Dans les provinces centrales	1618684		
A Bombay.	647474		
A Berar	283270		
Au Bengale (cercle Behar)	343970		
Total sur le domaine anglais	7992252	ou	8235055

Soit, en chiffres ronds, 8 millions d'hectares.

La culture du froment dans les États natifs (*Native-States*) est représentée en moyenne par les chiffres suivants :

	Hectares.		
Dans le Central-India-Agentie	1011677	(en 1884-1885,	1416348)
— Rajputana	1011677	(en 1884-1885,	910500)
— Hyderabad	303503		
— Kashmir	202335		
— Baroda	35611		
— Mysore	8903		
Total des terres à froment non comprises dans le domaine anglais	2573706		

L'estimation de la surface cultivée en blé dans les *Native-States* ne doit pas être considérée comme absolument exacte, c'est simplement un minimum. Le froment est souvent cultivé avec d'autres plantes, pour qu'au cas où une des plantes ne réussirait pas, on ait au moins une récolte de l'autre ; ces cultures mixtes sont très difficiles à évaluer. Ainsi, par exemple, dans les provinces du Nord-Ouest, il y a 809342 hectares de cultures mixtes ; on ne doit les compter que pour la moitié, au point de vue de la culture du blé. Pourtant, il semble que, suivant les années et les régions, les chiffres varient dans des proportions considérables.

Les chiffres suivants sont authentiques :

Surface cultivée en blé (en hectares).

	PUNJAB.	PROVINCES DU N.-O.	PROVINCES CENTRALES.	BOMBAY.	BERAR.	SIND.	MADRAS.
1878-79	2796156	1636888	1272003	415264	217762	164862	6916
1879-80	2799627	1705289	1211715	395342	267903	133850	6881
1880-81	2634094	1758059	1372118	547307	301427	92057	7712
1881-82	2669455	1843020	1691517	518673	280292	91433	9392
1882-83	2728811	1889053	1161789	538254	302043	119961	10947

En avril 1885, la surface cultivée en blé s'était élevée aux chiffres suivants :

	Hectares.
Punjab	2986877
Provinces du Nord-Ouest et Oudh	2143947
Provinces centrales	1497283
Bombay	1080471
Berar	331425
Bengale (Cercle Behar)	343970
Total	8383973

En février 1886, la surface cultivée en blé fut estimée à :

	Hectares.
Punjab.	2832697
Provinces du Nord-Ouest et Oudh	2266158
Provinces centrales.	1618684
Bombay	647474
Berar	283270
Rajputana	1011677
Central-Indien.	1011677
Bengale (Berar)	343970
Hyderabad	303503
Kashmir	202335
Baroda.	35611
Mysore.	8093

Au total, en nombre rond : 10 565 149 hectares.

On distingue quatre variétés de blés : blanc, rouge, dur et tendre. Il semble que le blé dur, qu'il soit rouge ou blanc, est préféré par la consommation locale dans les Indes. Le blé blanc et dur croît de préférence dans le *Deccan* ou dans les parties sud des États *Mah-ratta*; le blé rouge et dur vient surtout de *Rajputana*, des provinces centrales et de la Présidence de *Bombay*; le blé tendre est surtout cultivé dans tout le Nord de l'Inde, à *Rajputana* et dans la presqu'île *Guiaral*: il trouve un débouché en Angleterre à un prix plus élevé que le blé dur; le blé blanc et tendre surtout est particulièrement estimé, si bien que son prix par hectolitre est souvent supérieur de 1 fr. 72 c. à 2 fr. 14 c. à celui du blé rouge et tendre. L'espèce excellente connue sous le nom de « *Pissi* » vient des provinces centrales, principalement de *Norbada-Tal*. Le sol qui domine dans cette région est une argile lourde et noire, appelée *regar*, qui, sans irrigation, conserve son humidité toute l'année.

Au point de vue de la quantité de blé produite à l'hectare dans les différentes provinces, voici les chiffres donnés par le mémorandum du Gouvernement en 1884 :

Produit en blé d'un hectare (en hectolitres).

	1re CLASSE.	2e CLASSE.	3e CLASSE.	MOYENNE.
Punjab	17,96	9,88	6,74	8,98
Provinces du N.-O. et Oudh.	19,76	13,47	8,08	11,67
Provinces centrales	14,37	8,98	5,39	7,18
Bombay.	16,16	8,98	5,39	8,08
Berar.	10,78	7,18	4,49	6,29

La terre de première classe est généralement de bonne qualité, fumée et irriguée ; celle de deuxième classe est de qualité moyenne, et soit engraissée, soit irriguée ; enfin, dans la troisième classe, on a classé les sols de mauvaise qualité et les petites terres qui, pour une cause quelconque, sont moins productives ou trop peu soignées. La plus grande partie des terres de la première classe se trouve dans les plaines et les vallées fertiles du *Punjab*. Dans les provinces du centre, le cultivateur est moins habile, les fermes plus grandes et la culture beaucoup moins soignée. L'irrigation et l'engraissement des terres y sont peu connus et seulement des sols naturellement riches, comme l'argile noire de la vallée de *Narbada*, peuvent soutenir l'épuisement, que cette culture mal conduite leur fait subir. Dans le *Behar*, existent les meilleurs sols pour la culture du coton et on ne réserve que très peu de soins et de travail à la culture du froment. A Bombay, dans les riches contrées de *Guzerat*, le produit du sol est plus considérable que dans aucune partie de l'Inde ; mais, en revanche, il existe dans le *Deccan* des régions étendues très pauvres.

Pour les États natifs (*Native-States*), on a exprimé que le produit des terres dans *Hyderabad* ne dépassait pas celui de *Berar*, et même qu'il l'atteignait à peine et que les États de l'Inde centrale étaient, au point de vue du froment, d'une productivité peut-être encore plus faible que les provinces centrales.

Un jugement semblable fut porté sur *Rajputana*.

En 1885, la quantité totale des récoltes fut estimée à :

	TONNES de 1000^{kg}.
Au Punjab	2902826
Dans les provinces du Nord-Ouest et Oudh	2133684
Dans les provinces du centre	830105
Bombay	579143
Berar	138181
Behar	339357
	6923296
Et dans Central-India-Agentie	508020
— Rajputana-Agentie	526309
— Kashmir	135133

Le produit en blé de *Hyderabad* est de 13635 tonnes : celui de *Baroda*, de 9042,7 tonnes, et celui de *Mysore*, 2801 tonnes. Cependant, les premiers de ces chiffres nous semblent si douteux que nous ne pouvions pas les introduire dans les tableaux.

Les données que nous avons inscrites plus haut sur le produit à l'hectare dans les diverses régions du pays, sont des chiffres minima. Cela ressort surtout d'une attaque dirigée contre ces données par M. *Benett*, directeur du département agricole pour les provinces N.-O. et le *Oudh*. Benett combat les chiffres donnés par le Gouvernement indien sur le produit des terres des provinces N.-O. Il écrit le 15 juillet 1884 : « La moyenne admise de 11^{hec},67 à l'hectare est basée sur cette hypothèse, que plus de la moitié de la surface cultivée en froment appartient à la troisième classe.

« Si, conformément aux données du Gouvernement indien, on admet :

$$
\begin{array}{llll}
1 \text{ hectare à } & 19^{hl},76 & = & 19^{hl}.76 \\
1 \quad\text{—} & \text{à } 13 \quad 47 & = & 13 \quad 47 \\
2 \quad\text{—} & \text{à } 8 \quad\; 08 & = & 16 \quad 16 \\
\hline
& & & 49 \quad 39
\end{array}
$$

la moyenne est alors de 12^{h},35 à l'hectare. Mais une pareille répartition des sols à blé n'existe pas en réalité. Le froment est, en général, cultivé sur le meilleur sol du village, qui est resté peu de temps en jachère et reçoit le plus souvent une fumure. Une culture négligée est l'exception. On a fait pendant trois ans des recherches sur la ferme de *Cawnpore* pour obtenir une indication plus précise sur le rendement moyen. Le sol est pauvre et il avait été, au point de vue de l'irrigation, de la fumure, du labourage et autres soins, aussi peu entretenu qu'un agriculteur moyennement habile le fait d'ordinaire. Ce champ d'expériences a donné les récoltes suivantes :

	SURFACE DU CHAMP.	PRODUIT EN FROMENT par hectare exprimé en kilogr.
1882.	6^{h},7085	1558^{kil}
1883.	6 5152	1467
1884.	7 1222	1629
Moyenne des trois années		1551^{kil} — 20^{h},68

« Une révision scrupuleuse de toutes les données obtenues a déterminé M. *Fuller* à admettre, dans son livre « *Field and garden crops* » une récolte minima en froment, dans les terres irriguées, de 17ʰ,96 par hectare. Dans les districts du *Meerut* et dans les régions du Oudh pareillement favorisés, et qui sont traversés par les canaux d'irrigation, la récolte moyenne est à peine inférieure à une bonne récolte d'Angleterre, où la moyenne générale pour toutes les classes de sol est de 25ʰ,15 à l'hectare. En admettant 19ʰ,76 à l'hectare pour les terrains irrigués des provinces Nord-Ouest, on ne commet pas la moindre exagération.

« Sur les terrains non irrigués, le froment est parfaitement cultivé dans les districts *Tarai* du cercle *Rokilhand* et dans le Nord du *Oudh*. Les recherches extrèmement soigneuses de M. *Moens* l'ont conduit à admettre un produit moyen de 14ʰ,37 à l'hectare. Le blé est cultivé sur des sols non irrigués, mais qui ne sont pas de mauvaise qualité. On peut d'après cela conclure que la moyenne normale des produits pour les sols nᵒˢ 2 et 3 classés par le gouvernement indien est, pour toutes les terres non irriguées, 10ʰ,78 par hectare.

« Quand le froment est cultivé en mélange avec d'autres plantes, un hectare rapporte à peu près la moitié. Dans ce cas, 8ʰ,98 pour les champs irrigués et 5ʰ,39 pour les champs non irrigués est une moyenne admissible.

« En moyenne, pendant les cinq dernières années, la surface du sol cultivé dans les provinces du Nord-Ouest, est représentée par les chiffres suivants :

NATURE DE LA CULTURE.	HECTARES.
Seulement avec du froment, terre irriguée	752589
— terre sèche	697822
Avec du froment et d'autres céréales, terre irriguée	266530
— terre sèche	626558
	2343499

DANS LE OUDH, EN 1883-1884.	HECTARES.
Terre irriguée, ne portant que du froment	389624
Terre sèche ne portant que du froment	147422
Terre irriguée portant froment et autres céréales	100676
Terre sèche portant froment et autres céréales	111927
Terres non classées	30952
	780602
Total pour les deux provinces	3124101

Sur cette superficie, le produit est :

NATURE DU PRODUIT.	HECTOLITRES.
Froment seul, sur sol irrigué	22570556
Froment seul, sur sol sec	9110370
Froment mélangé à d'autres céréales sur sol irrigué	3298241
Froment mélangé à d'autres céréales sur un sol sec	3979842
Total	38959009

ou environ 3 050 000 tonnes. »

Si vivement que Benett ait attaqué les données du gouvernement indien, celles qu'il leur oppose n'en sont pas si éloignées. Si on compare les chiffres donnés par *Benett* pour les surfaces cultivées en froment, avec ceux du gouvernement indien, on trouve qu'il arrive à une moyenne de 12^h,57 par hectare au lieu de 11^h,67 admis par l'estimation officielle : la différence n'est pas énorme !

Pour le *Punjab*, le chiffre de 8^k,98 comme moyenne du rendement par hectare, paraît trop faible. *Norman* communique un mémorandum d'un secrétaire du gouvernement du *Punjab* d'après lequel la moyenne de rendement du pays se chiffrerait par 925^k,86 par hectare. Si l'on retranche de ce nombre 94^k,15 nécessaires pour la semence, il reste 831^k,71 ou un peu moins de 10^h,78 pour le rapport brut du champ, c'est-à-dire environ 1^h,79 de plus que d'après les chiffres du Gouvernement.

La surface cultivée en blé s'est augmentée beaucoup depuis un petit nombre d'années. En 1878-1879, elle occupait sur le domaine anglais, à l'exception des provinces Nord-Ouest et du *Oudh*, une surface de 5 022 375^h; en 1882-1883 une surface de 5 164 411^h, ce qui représente une augmentation de 142 036^h. Cet accroissement s'est continué en 1883-1884. Le *Statement*, pour 1883-1884, publié à la fin de 1885, le constate pour le *Punjab :* « Le fait le plus remarquable concernant l'agriculture de la province, est l'accroissement constant de l'étendue de la surface, où se cultive le blé. Depuis 1881-1882, elle s'est élevée de 2 669 455^h à 2 917 565^h. Dans le district de *Peshawar* seul, le froment occupe (1883-1884) 90 259^h. » Le même document dit des provinces centrales : « La culture du blé s'est étendue de plus de 40 467 hectares pendant l'année 1883-

1884, malgré la diminution de la demande pour l'exportation. » Dans *Berar*, il y avait cette même année environ 80934 hectares de plus qu'en 1882-1883, consacrés à la culture du froment. Les provinces du Nord-Ouest ne restèrent pas en retard de 1879 à 1883, d'après les données suivantes de *Benett :*

	BLÉ SEUL.		BLÉ avec d'autres céréales.		
	Sur terre irriguée.	Sur terre sèche.	Sur terre irriguée.	Sur terre sèche.	TOTAL.
	Hectares.	Hectares.	Hectares.	Hectares.	Hectares.
1883.	899840	623718	305044	687945	2517517
1879.	710969	614165	259375	586771	2271263
Développement en 5 années.	188871	9553	46683	101174	316278
Taux p. 100 du développement	27	2	18	17	16

Calculée pour la culture de blé seul, cette augmentation correspond à 252515 hectares.

Nous n'avons pas un plus grand nombre de données sur le développement de la culture du blé depuis 1878-1879. Seulement pour le *Punjab*, le *Statement* donne le chiffre officiel de la surface cultivée en blé en 1873-1874 : 2355185 hectares. Pendant la période de dix ans jusqu'en 1883-1884, cette surface s'est accrue de 364204 hectares, soit 14 p. 100. Le développement moyen des autres récoltes est encore plus grand, environ 20 p. 100.

Les domaines qui approvisionnent les trois ports de blé d'exportation sont : pour *Kurrachee*, tout le *Punjab*, principalement le *Sutley* Ouest (celui des cinq fleuves qui a sa direction vers l'Est). *Bombay* est approvisionné en grande partie par les provinces centrales, les districts de *Khandesch, Nasck* et *Amehdabad,* de la Présidence de *Bombay,* ainsi que par le cercle *Meerut* des provinces Nord-Ouest. A *Kalkutta,* le blé vient de *Rohilkhand, Oudh* et *Patna.*

CHAPITRE V

Prix de production du blé aux Indes.

On est plusieurs fois tombé, en étudiant les questions relatives aux prix de production du blé, au point de vue de la concurrence américaine, dans la faute d'une généralisation déraisonnable de chiffres se rapportant à des terrains trop peu étendus : ce qui a éveillé une méfiance justifiée contre les calculs de ce genre. On a livré également à la publicité des données inexactes sur l'Inde, avec la prétention d'établir les conditions du domaine entier de l'Inde, où se fait la culture du blé. Nous croyons établir au mieux ces conditions telles qu'elles existent, et détruire en même temps ces fausses notions. Les deux domaines, dans lesquels on peut partager le pays de production de blé indien, les provinces centrales et celles du Nord-Ouest avec *Oudh* d'un côté, et le *Punjab* de l'autre côté, doivent être traités à part.

Une communication de l'*Économiste français*, en 1879, qui annonçait que le prix de production du blé dans l'Inde centrale était de 2 fr. 50 c. par quintal métrique, sera laissée de côté par nous sans aucun commentaire. Un autre calcul erroné a été publié par le président de la chambre de commerce de Kalkutta, dans une brochure intitulée : « *Indian wheat versus american protection.* » (Kalkutta, 1883.) D'après ces données, « le prix de revient du blé dans l'Inde ne peut pas dépasser 2 fr. 36 c. par hectolitre ». Ce seraient les prix de production à *Bilaspur*, un domaine jusqu'ici sans débouché des provinces centrales. Les prix moyens de transport sont évalués (des plus grands districts producteurs de blé à la gare la plus voisine) à la somme de 0 fr. 64 c. par hectolitre. Le prix total du froment, au moment de son transport au chemin de fer, serait donc de 3 fr. à 3 fr. 44 c. par hectolitre, en admettant que la route jusqu'à la gare d'expédition ait une longueur de 48 kilomètres environ. Pour une distance double, les prix seraient de 3 fr. 65 c. à 4 fr. 08 c. par hectolitre. — Le prix du blé, à *Jubbulpore*, fut au commencement de 1883 de 9 fr. 60 c., alors qu'il était à Londres de 18 fr. 91 c. à 19 fr. 34 c. Il en résulta pour le paysan indien et pour le marchand un bénéfice extraordinaire et l'Inde est enfin sortie victorieuse de sa lutte avec l'Amérique.

D'autre part, dans un mémorandum adressé le 20 avril 1883 par la *Great Indian Peninsula Railway Company* au secrétaire d'État pour les Indes, le calcul fut poussé plus loin par la publication du tableau comparatif qui suit :

	BLÉ INDIEN par hectolitre.
Prix à *Jubbulpur*.	9f 60c
Transport à *Bombay* (4 fr. 50 c. par 100 kilogr.).	2 86
Transport à Londres (43 fr. 75 c. par tonne de 812kgs,8).	4 19
	16f 65c
Prix du marché à Londres.	18f 91c à 19f 34c

	BLÉ AMÉRICAIN par hectolitre.
Prix à *Chicago*.	13f 85c
Transport à *New-York* (3 fr. 47 c. par 100 kilogr.).	2 59
Transport de New-York à Londres.	0 98
	17f 42c
Prix du marché à Londres.	19f 77c à 20f 63c

La conclusion de ce calcul est que la différence entre la somme des frais et du prix d'achat à Jubulpur (9 fr. 69 c.) et le prix de l'hectolitre de blé à Londres monte à 2 fr. 26 c. par hectolitre.

Un mémorandum du chef commissaire[1] des provinces centrales (21 juillet 1883) s'exprime sur ces calculs de la façon suivante : « L'estimation des frais de production à un prix maximum de 2 fr. 79 c. par hectolitre est tout à fait en dessous de la réalité. Cette estimation semble s'appuyer uniquement sur ce fait que le prix moyen du blé à *Bilaspur* est compris entre 2 fr. 40 c. et 2 fr. 79 c. l'hectolitre. La conclusion sur le prix de revient est absolument insoutenable. D'abord, le prix, auquel est vendu le blé au marché de *Bilaspur*, n'est pas du tout un prix applicable à d'autres marchés. L'argent y est plus rare qu'autre part : ce qui fait qu'on le conserve avec plus de soin. De plus, les moyens de transport sont insuffisants pour emporter chaque année l'excédent de récoltes, et il s'ensuit une concurrence très faible parmi les marchands. »

---

1. Les fonctions de chef commissaire correspondent à peu près à celles de gouverneur.

Pour établir les prix de production pour chaque cas particulier, nous plaçons cinq calculs les uns à côté des autres. Le premier est emprunté à un rapport de 1881 du directeur du département agricole des provinces Nord-Ouest ; le second, à une série de documents élaborés par le même département en 1882 sur les produits des jardins et champs dans les provinces du Nord-Ouest et le *Oudh ;* le troisième est le résumé d'une consultation officielle du directeur du département agricole, en juillet 1884 ; le quatrième a été publié dans un rapport de M. C. A. *Elliott* sur le district *Hoshangabad* des provinces centrales, et enfin, le cinquième renferme les données d'un livre de l'Indien *Seyd Mohammad Hossain : « Our difficulties and wants in the path of the progress in India 1884 »,* données qui ont été apportées à la tribune de la Chambre des députés française par M. Graux, dans un discours relatif aux droits sur les céréales. (Annexe au procès-verbal de la séance du 15 décembre 1884.)

Ces cinq pièces ne sont pas tout à fait comparables quant à leurs chiffres absolus ; c'est un point sur lequel nous reviendrons encore tout à l'heure. Mais, qu'il soit déjà permis de faire remarquer que la première pièce a pour base les données d'un rapport sur la ferme expérimentale de Cawnpore (1880) et qu'elle nous apporte la dépense réelle pour la production du blé à l'hectare, avec l'aide de travailleurs à gages. Les chiffres de la seconde pièce représentent, réunies avec le plus grand soin, toutes les données possibles sur les impôts, sur les droits de résidence, sur l'économie rurale, etc., et ne nous donnent encore que les prix de production du blé par hectare avec main-d'œuvre à gages, c'est-à-dire avec le travail des bœufs, mais sans le concours du paysan et de sa famille. La troisième pièce se présente comme une évaluation administrative, de laquelle on peut dire qu'elle semble approximativement exacte et qui vise un paysan indépendant, dont on représente le travail par un équivalent en argent. La quatrième pièce expose des recherches exactes faites sur le prix réel de revient, sur une ferme de paysan dans le district *Hoshangabad.* Enfin dans la cinquième pièce, nous trouverons les dépenses réelles sur la ferme d'un Brahmine, qui est propriétaire de bœufs et de tombereaux.

PAR HECTARE.	CAWNPORE Farm 1849-1850.	DIFFÉRENTES récoltes 1882.	ÉVALUATION administrative 1884.	HOSHANGABAD.	RAPPORT de S. M. Hossain.
	Fr. c.	Fr. c.	Fr. c.	Fr. c.	Fr. c.
Semence	12,35 (9957)	18,51 (112 kilogr.)	15,50 (112 kilogr.)	15,43	22,89
Labourage[1]	7,03 (1 fois avec charrue anglaise).	37,06 8 fois.	37,06 8 fois.	46,76 7 fois).	»
Brisage des mottes . . .	3,86	3,09	»	»	»
Semaille[2]	0,35	5,38	6,17	0,41	2,09 (4 ouvriers).
Enlèvement des mauvaises herbes[3]	12,05	4,63	4,63	»	»
Coupe de la récolte[4] . . .	3,65	9,24	12,35	4,25	8,11 8 ouvriers).
Battage[5]	?	20,85 (pour 1841k.)	23,17	?	13,13 (10 à 3 personnes).
Paiements à l'employé du village	?	?	»	5,02	»
Travail	»	»	24,71	»	0,74
Fumure	»	18,53 9205 kilogr.)	18,53 (8812 kgs).	»	16,60
Irrigation	23,16 (2 fois).	33,49 (3 fois).	9,26	»	32,81
Route (y compris les droits)	38,61	43,21	49,40	9,23	15,70
	114,32	194,11	203,81	81,13	139,98

1. On compte (voir un mémorandum du directeur de l'agriculture à *Bombay*, E. C. Ozanne, du 15 mars 1884) sur 0h,4046 de terre 66 sillons d'environ 100m,573, au total 6657m,81. Les chevaux font environ 3218 mètres par heure à la charrue, les bœufs atteignent rarement la vitesse de 1600 mètres à l'heure sur les champs dépourvus de chaume. Sur un champ à mettre en culture, le bœuf fait environ 1972 mètres par heure, y compris les tournailles, dans les cas les plus favorables, ce qui représente de 6156 mètres à 8015 mètres pour une journée de travail de 8 heures. Avec 4 bœufs par charrue, on laboure par jour 0h,4046. Le salaire mensuel est de 10 fr. par mois, soit environ 0 fr. 85 c. par jour. Une paire de bœufs peut être comptée à 0 fr. 94 c. par jour, ce qui fait au total pour un seul labourage avec 4 bœufs une dépense de 5 fr. 40 c. par hectare.

2. L'espacement des raies est de 0m,28. Sur un hectare, il y a environ 575 lignes, d'une longueur d'environ 10m,57. La machine à semer s'appelle *Moghad*. Elle doit tourner 72 fois et les bœufs qui y sont attelés, doivent parcourir une étendue de 7211 mètres. La semence a dû être choisie avec soin. L'ouvrier doit surveiller la partie de l'appareil qui distribue la semence, et diriger intelligemment ses bœufs de façon à ne pas perdre la ligne. Pour ensemencer 7211 mètres, il faut au moins autant de temps que pour labourer 6038 mètres. On peut compter que ce travail revient à 3 fr. 08 c. ou 3 fr. 86 c. par hectare.

La herse suit le *Moghad* ; elle est plus légère et plus vaste. Avec 3 fr. 08 c. par hectare les frais sont largement couverts.

3. Ce travail est fait par des femmes payées à raison de 0 fr. 23 c. par jour.

4. La coupe de la récolte est faite à forfait et se paie en nature, soit d'après le nombre des gerbes, soit d'après le rendement en blé au battage. On compte 5 gerbes sur 100 pour la semence et 1 p. 100 pour le bottelage. Mais l'ouvrier a le droit de choisir lui-même ses gerbes et naturellement il prend les meilleures. Parmi ces gerbes, dont le poids moyen est d'environ 1k,53 les meilleures pèsent 6k,12), de sorte que l'ouvrier reçoit en réalité 8 et non 6 p. 100 de la récolte du champ. Quand les comptes sont réglés d'après le rendement au battage, le moissonneur reçoit environ de 276 kilogr. à 460 kilogr. par hectare.

5. Le paysan rentre ses récoltes lui-même. Il emploie d'ordinaire, pour le battage, des ouvriers à qui il abandonne 4 3/4 p. 100 du rendement en froment.

6. Nous ignorons si (et dans quelles limites) nous devons tenir compte pour les chiffres de ce tableau, de l'usure des instruments agricoles et du renouvellement nécessaire de temps en temps du bétail. Pour le premier article, il faudrait compter 0 fr. 77 c. à 1 fr. 15 c. par hectare. Une paire de bœufs coûte 150 fr. Ils peuvent être employés pendant dix ans. Mais, en raison des épizooties, on ne peut compter les utiliser que durant huit ans. Une paire de bœufs sert à la culture de 4h,8556.

A propos des chiffres de ce tableau, il faut d'abord remarquer que pour *Cawnpore Farm* la semence était en moins grande quantité qu'ordinairement et que son prix est par conséquent au-dessous de la moyenne. La terre était en bon état et ne fut labourée qu'une fois à la charrue anglaise, au lieu de huit à dix fois, suivant l'usage du cultivateur indigène. C'est probablement pour cette raison que les mauvaises herbes crûrent en grande masse, et que les frais, nécessités par leur enlèvement, sont extraordinairement élevés. On n'a de renseignements ni sur le battage, ni sur le nettoyage du grain et pourtant ces deux manipulations devaient entrer dans le bilan des dépenses, pour une récolte de 1289 kilogr. à l'hectare, au moins pour une somme de 15 fr. 44 c. Le sol ne fut pas fumé pendant toute la durée de la culture, mais il l'avait été l'année précédente. Il faut donc encore compter, comme équivalente de la valeur de l'engrais introduit avant l'expérience, une somme minima de 9 fr. 26 c. pour l'hectare. Les frais d'irrigation ont été moindres que d'habitude, puisque, par suite de la culture profonde, deux irrigations ont suffi. D'un autre côté, la rente est extraordinairement élevée, parce que la terre est dans le voisinage de *Cawnpore* et avait été possédée par les paysans du *Kachi*, surchargés d'impôts. Par l'addition des facteurs non comptés, le battage et l'engrais, le total des frais de production s'élève à 139 fr. 02 c. par hectare.

La deuxième colonne renferme les prix de production sur un hectare de terre cultivé d'une façon conforme aux habitudes du pays, dans la plaine située entre le *Gange* et *Jumna* et aussi par des travailleurs salariés. On doit remarquer que les données se rapportent à un produit en blé très considérable.

Il en est de même pour les chiffres de la troisième colonne, pour lesquels il faut de plus tenir compte que seuls, la semence, les frais d'irrigation et la rente représentent une somme d'argent ; tout le reste du travail ou au moins les 9/10 du reste sont fournis par le fermier, sa famille et ses bœufs. Ce calcul a aussi pour base les rapports qui existent dans le voisinage de *Cawnpore*, où le prix du travail et la rente sont plus élevés que dans les autres parties du pays.

Les chiffres donnés pour *Hoshangabad* établissent les prix réels de la culture du blé chez un paysan qui a ses bœufs. Le total des frais est beaucoup moins élevé que les précédents, particulièrement parce qu'il n'y a pas de dépense en engrais et en irrigation et que la rente de fermage est très basse (impôt foncier très bas des provinces centrales).

Pour le cinquième bilan, nous manquons d'éclaircissements supplémentaires.

Pour pouvoir maintenant utiliser les chiffres précédents qui se rapportent à l'hectare, afin d'établir le prix de revient réel du blé dans l'Inde, il faut faire entrer en ligne les quantités de blé produites à l'hectare.

La récolte moyenne par hectare à la ferme de *Cawnpore* en 1879-1880 a été de 1 380 kilogr. ou $17^h,96$. Pour la seconde série de chiffres, on arrive à un rendement de 1 844 kilogr. ou $23^h,80$ par hectare. Les chiffres du troisième bilan se rapportent à un produit à l'hectare de $19^h,76$ ou 1 518 kilogr. Ceux du quatrième correspondent à un produit, que M. *Elliott* évalue à $672^k,5$ ou $8^h,98$, mais que M. *Fuller*, le directeur de l'agriculture des provinces centrales, croit devoir être élevé pour la moyenne à l'hectare, à 828 kilogr. ou $10^h,77$. Nous ferons le calcul avec les deux nombres.

	I.	II.	III.	IV.	V.
Avec la rente du fermage. . . .	$139^f,02$	$194^f,11$	$203^f,81$	$81^f,13$	$139^f,98$
Sans la rente du fermage	100 48	150 90	154 41	71 87	96 28

La valeur de la paille de blé est comptée par le directeur de l'agriculture des provinces centrales comme égale à un quart de la valeur du blé ; nous trouvons cette évaluation vérifiée d'autre part. Au prix de 10 fr. 77 c. les 100 kilogr. de blé, la valeur de la paille est fixée ainsi que suit, pour un hectare de chacun des champs qui nous occupent :

	I.	II.	IV (Elliott).	IV (Fuller).	V.
	$37^f,05$	$49^f,40$	$15^f,44$	$18^f,52$	$34^f,73$

Et les prix de revient réels, si on retranche la valeur de la paille, se réduisent alors pour un hectare à :

	I.	II.	IV (Elliott).	IV (Fuller).	V.
Avec la rente de fermage .	$101^f,97$	$144^f,74$	$65^f,69$	$62^f,61$	$105^f,25$
Sans la rente de fermage. .	63 43	101 50	56 43	53 35	61 55

Pour le bilan III, le directeur *Benett* compte une récolte en paille
de 2577 kilogr. à l'hectare. Le prix de la paille étant de 1 fr. 67 c.
les 100 kilogr., le prix de la paille totale pour un hectare est donc
représenté par 43 fr. 03 c. M. *Benett* a, de plus, comme cela résulte
de communications postérieures, pris pour base du prix des 100 kilogr. de blé 13 fr. 42 c. et avec une base aussi faible, le prix de la
paille établi par lui est à peine le huitième de la valeur du blé. Voici
comment, d'après ces bases, s'établit le prix réel à l'hectare (paille
décomptée) du blé de la colonne III :

	III.
Avec la rente du fermage.	160^f,78
Sans la rente du fermage.	111 38

Enfin, les frais de production d'un hectolitre de blé, pesant 77 kilogr., sont les suivants :

	I.	II.	III.	IV (Elliott).	IV (Fuller).	V.
Avec la rente du fermage . .	5^{f}68,	6^f,06	8^f,13	7^f,31	5^f,81	6^f,32
Sans la rente du fermage . .	3 53	4 21	5 63	6 28	4 95	3 69

Les prix de production oscillent donc, d'après cela, entre 5 fr. 68 c.
et 8 fr. 13 c. par hectolitre.

Mais pour les deux maxima (III et IV E.), il ne faut pas oublier que
dans le premier cas, le prix du travail et la rente du fermage sont
exceptionnellement élevés et que le second maximum trouve sa cor-
rection dans IV F. D'un autre côté, pour les bilans I et IV F., on doit
remarquer qu'ils n'offrent pas des données bien sûres, car pour I, le
battage et la fumure sont comptés au minimum, et pour IV, comme
cela se voit d'après l'évaluation de la semence, le bétail et le travail personnel n'entrent pas dans le calcul.

Nous ne nous occupons pas en ce moment de tirer de ces calculs un
prix moyen de production exact; pour nous, le prix minimum de production représente le prix de production limite, auquel la culture du
blé dans les régions lointaines du pays peut être encore rémunéra-
trice. Malheureusement, il n'est aucun moyen d'établir ces chiffres
exactement; nous devons nous contenter de l'évaluation basée sur
les données précédentes et admettre que le prix moyen de revient
du blé dans l'Inde varie entre 6 fr. 02 c. et 6 fr. 44 c. l'hectolitre.

Nous avons donc suivi les frais de production du froment jusqu'au moment où il sort de la machine à battre. Un autre point qui nous reste encore à discuter, ce sont les menus frais de transport jusqu'au chemin de fer.

Dans les provinces centrales, où le prix du transport jusqu'à la voie ferrée est plus élevé que partout ailleurs, car ce pays est montagneux, tandis que les autres régions de culture de froment sont des plaines, on n'admettra pas une base trop faible (plutôt même serat-elle un peu trop élevée) en évaluant les frais de transport d'un hectolitre de blé au marché central de Harda à 1 fr. 07 c., somme calculée pour un cours de la roupie égal à 2 fr. 08 c. ; c'est le chiffre que nous prendrons comme moyenne générale pour l'Inde orientale.

Examinons maintenant la question du prix de revient du blé dans le second district que nous avons différencié, le *Punjab* : ici, nous n'avons aucune espèce de donnée certaine, comme pour les régions qui approvisionnent *Bombay* et *Kalkutta*. On n'a jusqu'ici publié aucun document exact sur les prix de production du blé dans le Punjab. Nous n'avons que deux estimations très peu détaillées ; mais chacune d'elles est officielle ou au moins officieuse et mérite confiance, à cause de cela. La première a été publiée par le secrétaire du gouvernement indien *Holderness* dans une circulaire du 10 mars 1884 et la seconde par le secrétaire du *Punjab, Thornton* (v. *Norman*, a. a. O., p. 214).

D'après la première publication, « dans l'Inde du nord, les frais de production du froment ont été chiffrés à un peu moins de 3 fr. 43 c. l'hectolitre (cours de la roupie = 2 fr. 08 c.), non compris la rente ; y compris la rente, il faut compter 5 fr. 15 c. l'hectolitre ».

De son côté, Thornton écrit : « Dans une communauté de village, il est impossible d'établir un prix de revient exact pour la production du blé ; mais, quand il s'agit de *tenants at will,* on admet généralement que les frais de production du blé (y compris l'entretien du paysan et le paiement de la rente) absorbent les deux tiers du produit obtenu. D'après cette hypothèse, le prix de production d'un hectolitre de blé (quand le prix du marché de Lahore est de 7 fr. 97 c. par hectolitre) se chiffre par 5 fr. 30 c. De plus, il faut majorer ce prix, à raison de 8 fr. 65 c. par hectare, pour l'impôt foncier.

« La différence entre le prix d'achat et les frais de production de

1 hectolitre de blé peut donc payer : la rente (1 fr. 50 c.), les frais
de transport à la gare[1] soit : 0 fr. 23 à 0 fr. 38 par tonne ; le bénéfice du commissionnaire, et en certains cas aussi, une taxe pour le
passage des ponts de 0 fr. 07 c. par hectolitre, et le cultivateur
pourra encore avoir un petit bénéfice. »

Nous n'avons pas à tirer de ce calcul des conclusions plus complètes pour le but que nous visons : il n'a de valeur que par
quelques données spéciales qu'il renferme. Mais, il n'est d'aucune
signification pour la fixation des frais de production, parce qu'il a
justement pour base les prix de production même et qu'il les groupe
tout autrement que les autres calculs donnés précédemment.

Le premier des deux documents que nous venons d'analyser est
le plus digne d'attention. Il établit les frais de production à environ
5 fr. 16 c. l'hectolitre, y compris la rente; le calcul de ce total a été
fait alors que le cours de la roupie était de 2 fr. 08 c. Refaisons-le
d'après ce cours et nous obtenons, pour les frais de production d'un
hectolitre de blé, ce même nombre de 5 fr. 16 c. que nous avons
déduit antérieurement, pour les régions qui envoient leur blé à
Bombay et à *Kalkutta*.

Comme complément à cette étude sur le prix de revient, nous devons aussi parler des frais qui, figurant sous le nom de « *Spesen* »
jusqu'au chemin de fer, sont en dehors des frais de production et de
transport proprement dits, mais qui, d'un autre côté, ne sont pas non
plus compris dans les dépenses de transport par chemin de fer ou
par mer. Ces frais peuvent se diviser en deux catégories: 1° les « *Spesen* » à payer pour le trajet du marché au port d'exportation et
2° les « *Spesen* » dans les ports d'exportation. Les chiffres qui sui-
vent sont empruntés à une communication faite par la chambre de
commerce de Bombay au *Great Indian Peninsula Railway :* nous
ferons remarquer qu'il s'agit de taxes maxima, établies d'après un
tarif pour cent qui n'est pas fixe.

En admettant un prix de 9 fr. 60 c. par hectolitre, à la station du
chemin de fer (*Jubbulpore*), voici donc comment se décomposent les
frais :

---

1. Ce transport coûte sur les chaussées: 0ᶠ,0318 à 0ᶠ,053, et sur les voies ferrées :
0,02 à 0ᶠ,06 par tonne et par kilomètre.

		PAR HECTOLITRE.
		fr. c.
Pesée.	1/4 p. 100.	0 048
Commission (*Brokerage*).	3/8 —	0 036
« *Godown-rent* ».	1/4 —	0 024
Télégramme et menus frais.	1/4 —	0 024
Charroi du bazar au chemin de fer	0ᶠ,1562 par sac.	0 098
« *Hamalage of weighing and loading* » (6ᶠ,87 par 100 sacs)		
Tamisage (7ᶠ,50 pour 100 sacs)	21ᶠ,975 p. 100 sacs.	0 140
Ficelage des sacs (2ᶠ,50 pour 100 sacs)		
Port des sacs neufs (5 fr. pour 100 sacs).		
« *Agency working charge* ».	1 p. 100.	0 099
Décompte du change.	1/2 —	0 051
		0 520

Nous suivons maintenant le blé sur le chemin de *Bombay*. Nous connaissons déjà les frais de transport proprement dits. Ils sont (quand le cours de la roupie est de 1 fr. 87 c.) de 2 fr. 38 c. par hectolitre.

Pour le transport par bateau, il faut compter :

	PAR HECTOLITRE.
	fr. c.
Frais d'embarquement (*Spesen*).	0 29
Droits de quai.	0 58
Nouvel empaquetage	0 12
	0 99

Si nous additionnons maintenant les facteurs connus des prix de production, des frais de transport et autres *Spesen*, pour trouver le prix minimum auquel un hectolitre de blé peut être rendu à Londres, il en résulte le calcul suivant, à propos duquel nous ferons remarquer que ces calculs sont basés sur le cours de 1 fr. 87 c. pour la valeur de la roupie, tandis que les calculs faits en octobre 1883 sont basés sur un cours de 2 fr. 08 c.

	PAR HECTOLITRE.
	fr. c.
Frais de production	4 70
Frais de transport	2 98
Frais à la station de départ	0 47
Frais de transport par chemin de fer de *Jubbulpore* à Bombay (2ᶠ,96 les 100 kilogr.)	2 34
Frais (*Spesen*) d'embarquement	0 77
Transport en mer (en moyenne 22ᶠ,14 par tonne).	0 15
	11 41

Les frais d'assurance à Londres, et le déchet en poids pendant le transport, portent ce total à 12 fr. 47 c. et même 12 fr. 89 c. Dans ces chiffres, ne sont pas encore compris les frais que le paysan doit au commissionnaire, quand il ne conduit pas lui-même son grain sur le marché. Il n'est pas possible d'estimer ces frais et nous devons nous contenter de les indiquer.

CHAPITRE VI

La concurrence indienne en présence de la concurrence américaine.

L'exportation du blé indien progresse, tandis que le très puissant concurrent de l'Inde, l'Amérique du Nord, est en train de perdre sa supériorité.

L'étude des rapports entre la production du blé américain et son exportation, nous fournira une mesure d'une grande valeur pour l'estimation des chances de succès de l'Inde orientale sur les marchés à blé européens. Lequel de ces deux pays a la supériorité sur l'autre ?

Jusqu'à présent, l'exportation du blé de l'Inde orientale est très en arrière de celle de l'Union américaine, comme le montre le tableau suivant :

EXPORTATION des États-Unis.			EXPORTATION de l'Inde orientale.	
en froment [1].	en farine de blé [2].		en froment.	en farine de froment.
Par quintaux métriques.			Par quintaux métriques.	
1885. . 23012400	9448800	1884-1885. .	8077200	»
1884. . 19151600	8128000	1883-1884. .	10668000	»
1883. . 28956000	8178850	1882-1883. .	7213600	»

1. Les données officielles américaines sont en *bushels*. La transformation en *cwts*, mesure usitée dans l'Inde, se fait, suivant la façon de compter américaine, en prenant pour la valeur de chaque bushel, 60 livres anglaises.

2. Les données officielles américaines sont en *barrels*. Un *barrel* vaut aux États-Unis 196 livres anglaises.

Le Royaume-Uni de la Grande-Bretagne employa :

	EXPORTÉS des États-Unis.		EXPORTÉS de l'Inde orientale.	
	Froment.	Farine de froment.	Froment.	Farine de froment.
	Par quintaux métriques.		Par quintaux métriques.	
1884.	11480800	4724400	4004000	»
1883.	13528800	5232400	5588000	»

On voit que dans ces dernières années, l'exportation totale de blé de l'Inde (y compris la farine) représentait 1/4 à 1/5 de l'exportation américaine. Mais, au point de vue de l'exportation en Angleterre, la part de l'Inde était beaucoup plus avantageuse.

La surface emblavée dans les États-Unis était, en moyenne, dans les dernières années de 15 377 498 hectares et dans l'Inde de 10 521 146 à 10 996 117 hectares. Dans le premier de ces pays, la production en blé était représentée par 10 à 13 millions de tonnes et dans le second par un peu plus de 8 millions de tonnes. Ces chiffres montrent que la quantité de blé consommée par la population indigène était beaucoup plus grande dans les Indes que dans les États-Unis[1].

Reste à examiner certaines questions concernant ces deux pays : leur solution servira à nous orienter dans l'étude de l'exportation et de la culture du blé dans l'une et l'autre de ces régions.

Les conditions, dans lesquelles le blé est produit en Amérique et dans les Indes, sont très voisines sous quelques rapports et tout à fait opposées sous d'autres. Le rendement de la terre est à peu près le même dans les deux pays. La moyenne du produit en Amérique, pendant les dix dernières années, est de 11ʰ,08 par hectare. Si on ne tenait pas compte des terres irriguées, l'Inde orientale n'atteindrait jamais une pareille moyenne.

L'inconvénient de l'éloignement de la mer où se trouvent les terres emblavées est commun aux deux pays. Au point de vue climatologique, on peut diviser l'Amérique du Nord comme l'Inde, en une zone sèche et en une zone pluvieuse. Un bon tiers de la surface ensemencée des États-Unis (du 101ᵉ au 119ᵉ degré, *Greenwich*) ne

---

[1]. La population de l'Inde est de 255 000 000 d'habitants ; celle des États-Unis de 56 000 000 seulement.   H. G.

reçoit que très peu de pluie et la chute d'eau annuelle y est inférieure
à 0^m,38 ; on ne peut y faire de la culture sans une irrigation artificielle. Mais cette opération est peu pratiquée dans l'Amérique du
Nord.

La situation du paysan américain présente, à proprement parler,
des différences capitales avec celle du paysan indien. Au point de vue
des aptitudes, du caractère, de l'esprit des affaires, des droits à
l'existence, des rapports de l'État et de l'individu, les Américains et
les Indiens sont des types absolument opposés. Il y a peu de points
sur lesquels les procédés d'administration des biens en Amérique
et dans l'Inde n'offrent pas le plus frappant contraste.

Des fermes d'une étendue aussi restreinte que celles qu'on trouve
dans les Indes, sont une rareté en Amérique. La moyenne de la superficie des fermes dans l'Inde orientale est de 3 hectares (8 acres),
jamais beaucoup plus. En Amérique, au contraire, le plus grand
nombre des paysans (1 696 000 en 1880) sont établis sur des fermes
de 40 à 202 hectares (100 à 500 acres) ; un beaucoup plus petit
nombre (1 033 000) sur des fermes de 20 à 40 hectares (50 à 100
acres) ; la moitié environ de ceux qui ont été cités en premier
(781 000) sur des fermes de 8 à 20 hectares (20 à 50 acres). La
différence d'étendue des fermes, d'un côté, et les prix minimes du
travail humain, ont fait de la culture rurale dans l'Inde quelque chose
comme un jardinage ; mais, en Amérique, les circonstances opposées ont fait des machines, la base du matériel et de l'exploitation
d'une ferme. Là, le nombre des travailleurs agricoles est restreint.

La servitude de la dette qui pèse sur une grande partie de la culture indienne, est inconnue, sous cette forme, en Amérique, bien que
toutes les lois du Homestead (*Homestead-Laws*) n'aient pu ni entra-
ver complètement l'endettement, ni empêcher que, sur un nombre
de 4 millions de fermes, il y en ait à l'heure qu'il est dans l'Union
1 025 000 cultivées d'après un contrat.

Pour ce qui est des relations personnelles du paysan, il faut encore
remarquer que, tandis que l'Indien est l'esclave de l'intermédiaire
commercial (commissionnaire), le fermier américain a acquis de ce
côté la plus complète indépendance.

Déjà, le chiffre de l'exportation si élevé par rapport à la consommation sur place est une indication de ce fait. En 1884-1885, le réseau des chemins de fer exploité aux États-Unis avait une longueur de 201 772 kilomètres, tandis que dans les Indes, il n'était que de 19 318 kilomètres, moins du dixième.

La surface des États-Unis est égale à 5 767 445 kilomètres carrés; celle de l'Inde orientale à 2 217 686 kilomètres carrés : les États-Unis sont donc deux fois et demie plus grands que l'Inde orientale. Mais, même en tenant compte de cette différence de superficie, le réseau américain reste quatre fois plus étendu que le réseau indien. Une base de comparaison plus valable que celle de la superficie, serait celle de la surface cultivée. En se basant sur l'étendue de surface cultivée dans les deux pays, la proportion des régions desservies par les chemins de fer serait encore plus faible pour l'Inde : le réseau américain dessert une étendue 5 à 6 fois plus grande.

La longueur totale des lignes de chemins de fer était :

	Dans les États-Unis.	Dans l'Inde orientale.
	Kilomètres.	Kilomètres.
En 1830.	37,0139	»
En 1840.	4535,0074	»
En 1850.	14517,4953	»
En 1860.	49288,0311	1350,2027
En 1870.	85074,0352	7684,4075
En 1880.	150393,9129	14979,3644

Les *frais de production* du froment dans les États-Unis sont infiniment plus élevés que dans l'Inde orientale. D'après la moyenne d'un grand nombre de bilans établis de 1879 à 1884, que nous avons étudiés en critique et comparés, le prix d'un hectolitre de blé aux États-Unis (non compris le domaine de l'Océan Pacifique), conduit au chemin de fer, s'élève à une somme ronde de 7 fr. 22 c. (50 *cents* par bushel[1]) sans la rente, et avec la rente à 10 fr. 44 c. ou 10 fr. 83 c., pour un éloignement moyen de Chicago ou d'un autre marché principal, et le prix du transport jusqu'aux côtes représente environ une somme égale.

---

1. Le dollar, dont le cours est actuellement de 5 fr. 25 c., renferme 100 cents, par conséquent le cent vaut 0ᶠ,0525.

Il est cependant vraisemblable que ces chiffres de 7 fr. 22 c.,
10 fr. 11 c. et 10 fr. 83 c. ont subi un abaissement à cause des
événements de ces derniers temps ; car les graines de semence, les
salaires, les instruments et l'argent monnayé sont devenus moins
chers : de plus, le propriétaire est aussi devenu plus modéré dans ses
prétentions au point de vue de la valeur du revenu. Nous ne possédons pas de base pour apprécier le changement qui s'ensuivit touchant les frais de production. Nous en sommes réduits à des estimations ; mais, nous ne croyons pas nous tromper en fixant (toujours
comme moyenne générale) le prix d'un hectolitre de blé transporté au
chemin de fer à environ 8 fr. 64 c. (60 cents par bushel). Une rente
de 2 fr. 89 c. à 3 fr. 61 c., comme nous l'avons calculée antérieurement, représente environ 7 à 8 p. 100 d'intérêt. La réduction de
cette rente à 2 fr. 16 c. ne sort pas de la moyenne admissible : ce qui
représente un abaissement de 1/10 pour les frais de production
proprement dits. Les frais de production se chiffrent alors par la
somme de 8 fr. 64 c. que nous avons indiquée plus haut[1].

Nous savons que, pour l'Inde orientale, le calcul le plus strict
conduit à l'établissement d'un prix de revient (non compris le charroi
à la gare) de 6 fr. 05 c. à 6 fr. 44 c. par hectolitre ; quand le cours
de la roupie est 1 fr. 87 c., cela représente environ 4 fr. 68 c. Les
frais (*Spesen*) de conduite à la station, comptés toujours au cours de
1 fr. 87 c. la roupie, ont été établis par nous à 0 fr. 97 c. par hectolitre : ce qui porte la somme des frais (production et transport à la
gare) à 5 fr. 65 c. en moyenne pour un hectolitre. En Amérique, le
prix de revient, qui pour une valeur théorique du cent — 5 cen-
times serait 8 fr. 09 c., s'élève en réalité (d'après le cours officiel de
1 dollar = 5 fr. 25 c.) à 8 fr. 59 c. par hectolitre. *Le rapport*

1. Ce chiffre est d'accord exactement, comme nous l'avons appris plus tard, avec
l'estimation de M. *Dodge*, directeur de la statistique agricole des États-Unis. M. *Dodge*
évalue les frais de production *actuelle* dans le domaine ouest du *Missouri*, entre 76 fr.
21 c. et 99 fr. 22 c. par hectare, ou bien 7 fr. 38 c. à 9 fr. 92 c. par quarter ; dont
la moyenne serait 8 fr. 65 c. par hectolitre ; ce qui correspond à un peu moins de
60,4 cents par bushel. Pour la moyenne des 23 dernières années, le calcul fait par
M. *Dodge* évalue les prix de production à 86 cents par quarter, soit 12 fr. 28 c. par
hectolitre.

du prix de revient dans l'Inde au prix de revient en Amérique est donc : $\frac{100}{140}$.

Cette différence dans les prix de production, avantageuse pour les Indes, est en partie compensée, en Amérique, par le bénéfice de tarifs de transport moins élevés.

Voici le tarif des prix des divers modes de transport, de *Chicago* à New-York, et ses variations de 1857 à 1884.

Prix du transport d'un hectolitre de blé [1].

	Par les lacs et le canal.	Par les lacs et le chemin de fer.	Par le chemin de fer seul.
1857	3f,58	»	»
1863	3 25	»	»
1868	3 37	3f,99	5f,86
1873	2 64	3 70	4 56
1878	1 26	1 54	2 43
1881	1 12	1 43	1 98
1882	1 08	1 50	2 01
1883	1 15	1 58	2 27
1884	0 99	1 34	1 79

Chicago remplit le même rôle que *Delhi* dans l'Inde orientale : c'est le point central, où se concentrent les envois de blé qui partent ensuite vers les ports. *Delhi* est presque aussi loin de *Kalkutta* (1538km) que *Chicago* l'est de *New-York* (1545km). *Bombay* est un peu plus près de *Delhi* (1416km). Mais les prix de transport de *Delhi* à *Kalkutta* ou de *Delhi* à *Bombay* sont malgré cela presque les mêmes. De Delhi à Kalkutta, le transport de 100 kilogr. de blé coûte 4 fr. 68 c. et de *Delhi* à *Bombay* 4 fr. 61 c. Presque tous les blés de l'Inde sont expédiés de *Delhi* à *Bombay*. Nous avons donc à établir la comparaison entre le prix de 4 fr. 61 c. par 100 kilogr. de *Delhi* à *Bombay* et les prix indiqués plus haut pour le transport de *Chicago* à *New-York*.

En 1884, le transport de *Chicago* à *New-York* par voie d'eau coûtait 0 fr. 99 c. par hectolitre, et par voie ferrée 1 fr. 79 c. La plus

---

1. On a admis pour ce tableau et pour tous ceux où la valeur du *cent* n'est pas spécialement indiquée, sa valeur théorique de 0f,05 sans tenir compte de l'agio.

(Note du traducteur.)

CONCURRENCE INDIENNE ET CONCURRENCE AMÉRICAINE. 91

grande partie du blé est expédiée par chemin de fer[1]. Pour cette raison, et aussi surtout pour conserver à notre comparaison l'analogie des rapports fondamentaux, nous devons nous baser sur le transport par chemin de fer. Un *cent* vaut juste 0 fr. 05208 (un 1/2 penny). En monnaie anglaise, le transport de Chicago à New-York coûte, d'après cela, environ 2 fr. 21 c. par hectolitre. Le transport 4 fr. 61 c. par 100 kilogr. de *Delhi* à *Bombay* se réduit d'après le cours (1 roupie = 1 fr. 87 c.) à 2 fr. 58 c. Les prix de transport aux ports de mer en Amérique, sont d'après cela moindres de 0 fr. 79 c. par hectolitre que dans l'Inde orientale.

Nous avons maintenant à nous occuper des frais de transport par mer[2]. Le transport par bateau à vapeur de *New-York* à *Liverpool* a coûté par hectolitre :

En 1868	1f.97	En 1881	1f,12
En 1873	2 90	En 1882	1 07
En 1878	2 09	En 1883	1 25

Pour la moyenne des 3 dernières années, le prix du transport était donc de 1 fr. 20 c. par hectolitre. Le prix moyen de transport de *Bombay* à *Liverpool* s'élève par contre à 22 fr. 50 c. par tonne de 812k,8, soit, par hectolitre, à 2 fr. 15 c.

Les trois facteurs des prix de revient, le transport par chemin de fer et le transport par mer pour les blés indien et américain sont dans les rapports suivants :

---

1. Sur le chemin vers *New-York*, *Portland*, *Boston*, *Philadelphie*, *Baltimore et New-Orléans*, on a employé les différents moyens de transport, dans les proportions suivantes :

	1881	1882	1883	
Chemins de fer .	76087407	59658031	66766568	hectolitres de céréales.
Lacs et canaux .	13882102	12587677	16336800	--
Mississipi. . . .	7339552	5275925	5837005	—

Le transport par chemins de fer entre donc, dans le transport général, pour 75 à 78,7 p. 100. Le froment devait en outre être expédié par chemins de fer en plus grande quantité que les autres graines, qui sont pour la plus grande partie du maïs.

2. La distance de *Bombay* à *London* est de 9789km, celle de *New-York* à *Liverpool* de 4915km. Pour la première route, il faut encore ajouter les frais de douane au canal de Suez, qui s'élevaient en 1883 à 10f,50 par *Register-Tonne*.

| | PAR HECTOLITRE. ||
	Blé indien.	Blé américain.
Frais de production.	5f,64	8f,59
Frais de transport par chemin de fer	2 58	1 86
Frais de transport par mer.	2 06	1 19
	10f,28	11f 64

D'après cela, le prix de revient en Europe d'un hectolitre de blé des États-Unis serait seulement de 1 fr. 36 c. plus élevé que le prix d'un hectolitre venant des Indes orientales. Le caractère relatif de ces chiffres ne doit cependant pas être méconnu ni l'influence essentielle de leur différence, exagérée.

En première ligne, il ne faut pas oublier que les chiffres valables pour les Indes doivent, dans beaucoup de cas, être augmentés d'une somme additionnelle correspondant à la commission versée par le paysan, entre les mains du commissionnaire des marchés voisins. Et de plus, la préférence accordée sur les marchés anglais au blé américain sur le blé indien, contribuera, dans une mesure qui n'est pas négligeable, à égaliser la différence des prix : de même, l'augmentation due à l'intérêt à verser, qui croît avec la durée si longue du transport du blé indien. Enfin, il faut encore réfléchir, si l'on veut peser convenablement ces chiffres, qu'il ne s'agit ici que de moyennes. Il me semble surtout qu'on se trompe en posant cette question habituelle : « quel pays peut produire à meilleur marché ? » — « lequel est le plus fort ? » Une telle question serait justifiée si la totalité des pays en question se trouvait dans les mêmes conditions moyennes. Mais, ce n'est pas pourtant là le cas. En Amérique, aussi bien que dans les Indes, il y a des zones où les prix de production sont plus élevés, moyens, modérés et bas. Il y a des zones qui sont sans aucun doute supérieures à la moyenne de l'Inde orientale : par exemple dans le *Michigan*, où au lieu de 11ʰ,07 on récolte 17ʰ,96 de blé et où, par suite de la petite distance qui sépare ce pays de *Chicago*, on épargne une dépense de 2 fr. 06 c. par hectolitre, que coûte en moyenne l'envoi des récoltes au marché ; naturellement, dans ce pays la production du blé est infiniment moins coûteuse que dans la moyenne des États-Unis. Dans un pays où il n'est pas de règle,

comme cela est le cas dans les parties fertiles de l'Amérique, que
le fonds et le sol appartiennent au premier occupant ou à ses
descendants, sans que ceux-ci aient besoin de l'acheter, on pourrait
objecter que ces avantages du sol et de la situation sont annulés par
le prix élevé du fonds et par la charge des lourds impôts qui le
frappent. Mais, pour l'Amérique, ce n'est pas le cas général. Si
on voulait ici même cacher que dans beaucoup de cas (si ce n'est
le plus grand nombre) la fertilité plus grande n'a pas été payée à
sa valeur correspondante et qu'elle ne l'a souvent pas été du tout
par l'achat du sol, on ne pourrait pourtant pas, d'un autre côté,
nier qu'une élévation de la rente a suivi fréquemment, ici plus
qu'ailleurs, la rapide construction des lignes ferrées.

Ainsi, les rapports de production meilleurs qui existent pour une
zone vis-à-vis d'une autre dans ce pays, ne sont pas du tout com-
pensés par le capital placé dans le sol et qui exige le paiement
d'intérêts.

En résumé, la comparaison précédente signifie simplement que
dans les États-Unis, une zone du domaine où on produit du blé,
zone qui n'est probablement pas immense, c'est-à-dire celle qui a
les prix de production et de transport les plus élevés, doit succomber
devant la concurrence de l'Inde orientale.

Mais, cela ne peut même être admis que sous certaines conditions.
Il ne faut en effet pas oublier que la terre n'est cultivée par le fermier, surtout dans les conditions défavorables auxquelles est soumise aujourd'hui la stabilité de l'héritage, qu'aussi longtemps que
son produit suffit à rémunérer le travail. Forcément, le fermier
diminue dans la mesure la plus stricte, ses prétentions sur le revenu
qu'il peut tirer du sol, car, s'il n'agissait pas ainsi et voulait laisser
la terre sans culture, le produit serait perdu pour lui [1].

D'après notre calcul, le revenu est perdu pour le fermier placé
dans les conditions moyennes, aussitôt qu'il est obligé de sacrifier
2 fr. 05 c. par hectolitre pour les frais, comme cela se passe
maintenant.

---

1. Nous sommes redevables à M. le conseiller d'État von Thiel, de Berlin, d'avoir
appelé l'attention sur ce point, qui nous aurait probablement échappé et dont nous ne
nous étions pas occupés dans un précédent travail.

Mais, un prix correspondant au total des frais de production et de transport dans l'Inde orientale, représente pour ce fermier américain, qui produit l'hectolitre de blé à un prix supérieur de 0 fr. 72 c. à la moyenne, la perte intégrale du montant du revenu.

Pour la moyenne des fermiers, la condition indispensable, pour qu'ils puissent lutter avec la concurrence de l'Inde orientale, est qu'ils se contentent de limiter le revenu à 1 3|4 p. 100 au lieu de 5 1|4.

On ne peut plus méconnaître maintenant que la concurrence de l'Inde orientale est pour la culture du blé dans les États-Unis, un coup très dur.

De plus, il faut encore bien remarquer que le prix auquel les Indes peuvent livrer leur blé, est capable de supporter une réduction beaucoup plus grande que le prix des Américains et qu'en outre, la concurrence indienne trouve encore un appui d'une signification des plus décisives, dans la progression de l'abaissement du prix de l'argent.

Les frais de la culture du blé en Amérique ne peuvent plus beaucoup être diminués, parce que déjà maintenant cette culture est menée le plus rationnellement et le plus économiquement possible. Un moyen pour arriver à un abaissement du prix de revient dans l'avenir, conséquence naturelle des mauvaises conditions où beaucoup se trouvent placés de notre temps, est la concentration des petites fermes en une grande, à condition que ces petites fermes soient achetées à un prix peu élevé. Une autre possibilité future d'abaissement des frais semble résider aussi dans la réduction des tarifs de transport par voie ferrée et par mer. Pour les transports par voie ferrée, toute hypothèse est impossible, étant donné le nombre incalculable d'affaires s'y rapportant en Amérique. Mais pour les transports par mer, on pourrait déjà être renseigné sur un minimum, admissible pour les années futures. Beaucoup de navires restent, comme on le sait, inoccupés dans les ports ; l'offre surpassant de beaucoup la demande, les prix de transport maritime sont tombés plus bas que jamais auparavant et il ne paraît pas probable qu'ils s'abaissent encore dans un temps déterminé.

CHAPITRE VII

Chances de développement (avenir) de l'importation du blé de l'Inde orientale.

1. *Possibilité d'extension de la surface emblavée.*

La terre non cultivée, mais accessible à la culture, couvre une très grande surface de l'Inde orientale. Il est vrai qu'on a livré à la publicité, sur ce sujet, des évaluations exagérées. Ainsi, *Bookwalter* annonce dans le *Bradstreets Journal,* que dans le *Punjab,* 48 000 kilomètres carrés, dans les provinces du Nord-Ouest et *Oudh,* plus de 80 000 kilomètres carrés, et pour *Bombay,* près de 96 000 kilomètres carrés, pourraient être livrés à la culture. De toutes ces données, une seule concorde avec la réalité, celle qui concerne le *Punjab.*

D'après les données du *Statement* 1882-1883 et son appendice, voici la façon dont se répartit la surface des différentes provinces :

PROVINCE	SURFACE totale.	SURFACE arpentée.	SURFACE non arpentée.
	Hectares.	Hectares.	Hectares.
Punjab.	27714459^h,974	27714459^h,974	»
Provinces N.-Ouest.	21202248 ,202	19125437 ,782	2076810^h,420
Oudh	6231264 ,304	6017360 ,648	216903 ,656
Provinces centrales.	22129880 ,391	21870363 ,261	259517 .130
Bombay	32143697 ,377	24894097 ,346	7249600 ,031
Berar	4586961 ,971	4586961 ,971	»
	114011512^h,219	104208680^h,982	9802831^h,237

PROVINCE.	SURFACE cultivée.	SURFACE non cultivée mais susceptible, de culture.	SURFACE non susceptible de culture.
	Hectares.	Hectares.	Hectares.
Punjab.	9515314^h,800	9508279^h,311	8660865^h,863
Provinces Nord-Ouest	10168857 ,776	3592209 ,432	5364370 ,574
Oudh	3348344 ,975	1630234 ,929	1038780 ,745
Provinces centrales.	6494072 ,799	7546693 ,292	8087090 ,945
Bombay	8688291 ,226	4698773 ,783	11507032 ,337
Berar	2988997 ,127	413088 ,156	1184876 .688
	41233878^h,703	27389278^h,903	35843017^h,152

Ce qui représente en p. 100 de la surface totale :

EN :	SURFACE non arpentée.	TERRE cultivée.	TERRE non cultivée, mais susceptible de culture.	TERRE non susceptible de culture.
Punjab.	»	34,26	34,30	31,44
Provinces Nord-Ouest.	9,80	47,96	16,94	25,30
Oudh	3,48	53,71	26,15	16,66
Provinces centrales. .	»	28,49	34,51	37,00
Bombay	22,55	27,03	14,62	35,80
Berar	»	65,16	9,01	25,83

Un peu plus d'un tiers seulement de la terre des provinces dont nous nous occupons, est cultivé, tandis qu'un quart, susceptible ou non de mise en culture, n'est pas utilisé par l'agriculture.

Les chiffres se rapportant à chaque province séparée ne sont pas commensurables sans restriction. Dans *Bombay,* et en partie aussi dans *Berar,* on a compris dans la surface non cultivée les pâturages communaux et les forêts ; dans les autres provinces, toutes les prairies et la partie des forêts qui sont sur un sol inutilisable par l'agriculture[1], sont classées parmi les sols non cultivés, mais susceptibles de l'être. L'étendue des prairies est, dans le *Punjab,* égale à 1 998 747 hectares ; pour les Provinces centrales, évaluée à un peu moins de 768 875 hectares, c'est-à-dire pour la première province 12 p. 100 et pour les secondes 8 p. 100 de la surface cultivée. Pour les provinces du Nord-Ouest et le *Oudh* qui représentent une moyenne, au point de vue des conditions de production, entre les Provinces centrales et le *Punjab,* on peut admettre que les prairies représentent 10 p. 100 de

---

1. Les forêts de l'État occupent :

		hectares.
Au *Punjab*	une superficie de :	1215696
Dans les provinces Nord-Ouest et *Oudh.*	—	920966
Dans les Provinces centrales	—	5114523
Bombay	—	3875712
Berar.	—	1125050

L'étendue des forêts privées n'est connue exactement que pour les Provinces centrales (et le Bengale) ; dans les Provinces centrales, elle est d'environ 7 688 749 hectares. Pour les autres provinces, il est officiellement admis que la surface occupée par les forêts privées est un peu plus faible que celle des forêts d'État.

la surface qui porte des récoltes. D'après ces données, la surface
qui reste sans culture se trouve diminuée dans les proportions suivantes, si on compte les prairies dans les terres cultivées :

	Surface non cultivée mais susceptible de culture (prairies déduites). hectares.
Punjab	7506647
Provinces nord-ouest environ	2539310
Oudh	1294947
Provinces centrales.	6778239
Bombay reste (en nombre rond) avec . . .	4698230

Grands sont les domaines ouverts à la culture que possèdent encore
le *Punjab*, les Provinces centrales et la Présidence de *Bombay*. Pourtant, dans la dernière de ces provinces, la terre libre se limite au
Sind. Dans le *Sind* et dans le sud du *Punjab*, l'irrigation est indispensable pour obtenir un rendement des terres classées comme susceptibles de culture ; dans les Provinces centrales, cette mise en culture de nouvelles terres nécessiterait le défrichement des forêts. Le
Punjab nord et les contrées non boisées des Provinces centrales
sont au contraire favorisés. Dans le *Punjab* nord, il y a, notamment
dans la partie sud, des chutes de pluie considérables, qui se chiffrent
de la façon suivante :

Murree	$1^m,542$	*Sialkot*.	$0^m,907$
Abbottabad.	1 203	*Jhelum*	0 772
Rawalpindi.	0 924	*Gujrat*.	0 712

ce qui permet d'installer une culture sans irrigation. C'est pourquoi,
le *Punjab* nord est appelé, sans aucun doute, en première ligne à
un développement dans son domaine de culture du blé.

2. — *Augmentation du rendement en blé de l'hectare.*

Il y a aux Indes une large marge pour l'augmentation du rendement de la terre à blé. En moyenne, dans la Péninsule le rendement
à l'hectare n'atteint pas $11^{hl},67$. Dans la Grande-Bretagne, l'hectare
de terre à blé produit $28^{hl},14$ (1885) ; en Écosse, $30^{hl},53$; en Alle-

magne, environ 15^{hl},27; en France, 15^{hl},60; en Autriche et en Hongrie, 13^{hl},47. Du temps d'*Akbar* (1560-1605), le sol des provinces nord-ouest, qui produit aujourd'hui 941^{kg} à l'hectare, a porté 1278^{kg}.

D'après ces chiffres, il est rationnel de prévoir la possibilité d'une élévation considérable dans le rendement du sol indien. D'après le jugement du chef du département de l'agriculture des Indes, on pourrait obtenir une plus-value de 30 à 70 p. 100 par une fumure et un labourage meilleurs. Actuellement, on répand en général l'engrais tous les deux ans, pendant une jachère de dix mois, en labourant en même temps à plusieurs reprises. Aussi, depuis quelque temps, on constate de réels progrès. On pourrait maintenant, probablement en plus grande proportion que chez nous, employer utilement les déchets des villes. Pendant longtemps, il exista des préjugés de castes contre l'emploi de l'urine. « Il y a cinq ans, écrit-on dans un rapport, on ne pouvait pas décider le paysan à employer la poudrette, même préparée. Aujourd'hui, la production d'engrais est insuffisante pour satisfaire à la demande et les paysans sont obligés d'en acheter en gros une provision, six mois avant l'épandage. Le Gouvernement fait aussi des efforts pour protéger la culture des pâturages, surtout en détruisant les rats d'eau dans les herbages. Mais, d'un autre côté, existe la tendance à limiter les pâturages pour augmenter la surface des terres labourées. Dans le *Punjab*, qui a relativement le plus fort bétail, il y avait, en 1878-1879, 1 999 075 hectares de pâturages ; dans les Provinces centrales, en 1882-1883, un nombre rond de 793 155 hectares ; dans *Berar*, pour la même année, environ 222 569 hectares et dans le *Sind*, plus de 283 270 hectares.

L'irrigation, qui augmente partout le produit de 50 p. 100, ne semble pas, dans les prochaines années, vouloir progresser comme jusqu'alors.

Avec l'achèvement des canaux de *Sirhind*, le programme d'entreprise des grands ouvrages d'irrigation de l'État sera épuisé provisoirement et l'entreprise d'installations privées d'irrigation avance bien lentement. Dans les régions où jusqu'ici l'irrigation n'a pas existé du tout ou seulement dans une mesure très faible, comme dans les Provinces centrales, qui ont, à cause de cela, le plus petit rendement en blé, le bien-être actuel de la population la rend indifférente à l'amélioration des conditions de production.

3. — *Diminution des prix de production.*

Un abaissement très réel des prix de production serait amené, comme les calculs précédents de ces frais le montrent, surtout par l'emploi de la charrue européenne. L'économie qu'on réaliserait ainsi serait de 18 fr. 54 c. à 24 fr. 71 c. par hectare. La plus-value qui, par l'emploi d'une telle charrue, correspondrait à une réduction des frais de culture, a déjà été prise en considération. Mais on ne doit pas espérer voir cette amélioration se réaliser dans un avenir très prochain. Aussi longtemps que le salaire ne sera pas plus élevé dans les Indes qu'il l'est actuellement, les machines agricoles (parmi lesquelles les Indiens rangent la charrue anglaise) ne pénétreront pas.

4. — *Exportation de farine.*

Les États-Unis exportent une partie très importante de leur blé en Angleterre à l'état de farine; ainsi en 1883-1884, l'Angleterre importa des États-Unis outre 11501653 quintaux métriques de blé, 5250932 quintaux métriques de farine qui représentent plus de 7112000 quintaux métriques de blé. L'exportation de farine de l'Inde vers l'Angleterre ne dépasse pas, dans la même année, le chiffre lamentable de 60^k,96.

L'exportation de la farine au lieu de blé en grain présente un bénéfice très important sur les frais de transport; aussi a-t-on cherché à stimuler dans l'Inde orientale la transformation d'une partie du blé d'exportation en farine. Il y a dix-huit mois, le 22 décembre 1885, cette question fut l'objet d'une discussion à la chambre de commerce de *Bombay*. Mais, cependant, les chances du développement de l'exportation de la farine ne semblent pas grandes. Comme nous l'avons déjà exposé en détail, la farine indienne n'est pas employée toute seule dans la meunerie européenne, mais toujours en mélange avec d'autres sortes de farines. Une farine préparée, sans addition de ces autres sortes de blé, ne semble devoir trouver aucun débouché en Europe. Il a été fondé à *Bombay*, déjà en 1881, une meunerie pour la production de farine d'exportation. La petite quantité de farine indienne exportée montre que l'entreprise n'a pas réussi.

5. — *Achèvement des réseaux de chemins de fer.*

Le programme de l'achèvement des chemins de fer indiens a soulevé dans ces dernières années, en Angleterre et aux Indes, une très vive discussion. En 1881, les commissaires, nommés pour rechercher les mesures à prendre pour empêcher de nouvelles famines, parlèrent, comme du moyen le plus efficace, de l'extension des réseaux de chemins de fer, qui permettent en même temps à la population de faire venir les moyens d'existence bon marché et diminuent réellement la terreur de la famine. D'après leur idée, la construction de 16093 kilom. de lignes ferrées, serait suffisante pour apporter un remède absolu, et une construction de 8046 kilom. parerait déjà aux nécessités les plus urgentes. Des recherches plus exactes du Gouvernement montrèrent qu'une longueur de 11793 kilom. était nécessaire pour la totalité du pays et que sur cette longueur, 6270 kilom. étaient *indispensables* et coûteraient 700000000 de francs.

La construction de ces 6270 kilom. de lignes *indispensables* fut approuvée par le Parlement en 1884. Quant à la dépense nécessitée par ce travail, l'État devait y participer pour une somme de 350000000 de francs, représentant des lignes de chemins de fer qu'il exploiterait sous sa propre régie ; pour l'autre partie (350000000 de francs), le revenu serait garanti par des sociétés privées. Le montant des prêts consentis au Gouvernement pour les constructions publiques, qui, depuis 1878-1879, représentait annuellement 62500000 francs et dont, en général, on consacrait 45 millions à la construction des chemins de fer, fut élevé, en 1884, à 87500000 fr. Sur cette somme, 70000000 de francs étaient annuellement consacrés à la construction des chemins de fer, afin qu'en l'espace de cinq ans, l'établissement des lignes *indispensables* fût complètement terminé. En avril 1885, le montant de la somme à employer en six ans à la construction des lignes ferrées fut élevé à 856250000 fr., mais cette construction était projetée seulement avec l'admission des capitaux privés, pour une somme de 306 250 000 fr.

La répartition de la dépense fut fixée comme suit :

	Pour les lignes frontières.	Pour les autres lignes.	Ensemble.
	francs.	francs.	francs.
1884-1885	28250000	95250000	123500000
1885-1886	56250000	74000000	130250000
1886-1887	20000000	66250000	86250000
1887-1888	6250000	66250000	72500000
1888-1889	»	66250000	66250000
1889-1890	»	71750000	71750000
	130750000	439750000	550500000

Mais ce programme ne fut pas exactement suivi.

De toutes les lignes desservant des intérêts généraux et des lignes *indispensables* qui viennent en second rang, un tiers seulement, d'après notre estimation, est utile pour l'exportation du blé. Ces lignes sont déjà partiellement en construction. Avant 1884-1885, seules, les lignes principales appelées *trunk lines* étaient terminées. En 1884-1885, les premières lignes de raccord importantes furent construites.

Les lignes suivantes, qui maintenant sont toutes en construction, sont toutes des lignes de raccord :

KILOMÈTRES

			KILOMÈTRES
Rayon d'exportation :	BOMBAY :	*Nagpur-Chottisgarh*	239,785
—	KALKUTTA :	*Moradabab-Sarahanpur* (comme portion de la ligne du *Oudh* et *Rohilkhand,* pour réunir cette même ligne au *Sind, Punjab* et *Delhi*)	236,567
—	—	*Bareilly-Pilibhit*	57,931
—	—	*Manikpur-Jhansi.*	289,674
—	—	*Cawnpore-Kalpi*	74,027
—	—	*Lucknow-Sitapur-Seraman.*	199,553
—	—	Reste du Bengale et Nord-Ouest . . .	357,264
			1451,804
—	KERRACHEE.	Reste du *Sind* et *Sagar*	503,710

Toutes les lignes, dont nous donnons la liste et la longueur de réseau dans le tableau ci-après, furent entièrement terminées dans le courant des années 1884 et 1885.

En voici la classification :

Appartiennent :   Les lignes de :

		KILOM.
Au rayon d'exportation de BOMBAY :	*Rewari-Ferozepore* desservant environ 482^{km}, 79, dont seulement la moitié nord de *Sirsa* sert à l'exportation du blé [1]	241,395
—	— *Cawapore-Achnara* (moitié Ouest) . .	201,162
		442,557
—	KALKUTTA : *Cawnpore-Achnara* (moitié Est) . . .	201,162
—	— *Bengale et Nord-Ouest*	326,687
		527,849
—	KURRACHEE : *Sind-Sagar*	123,916
—	*Amritzar-Pathankot*	104,604
		228,520

Dans le tableau qui précède, le groupement des lignes en question n'est emprunté à aucune source ; il en est de même de leur
partage au point de vue du rayon d'exportation, auquel notre jugement seul nous a conduit. Il a malgré cela la prétention d'être com-
plet et authentique. *Kalkutta* se montre ici favorisé au plus haut
point par la construction de ces lignes d'exportation ; *Bombay* est
bien en arrière. En tout, *Kalkutta* est relié par un nouveau réseau
de 1871 kilom. ; *Bombay* par un réseau de 682 kilom. et enfin
Kurrachee par 732 kilom.

Le nombre des exportations par Kalkutta, inférieur aux autres en
1884-1885, doit, d'après cela, devenir bientôt supérieur.

Des chemins de fer construits avec les capitaux privés, il n'y a pas
grand'chose à attendre dans les Indes, quelque vigoureux que soient
les nouveaux efforts qui ont été tentés dans ces dernières années pour
attirer le capital anglais vers cette colonie. « Des rapports couleur
de rose ont été distribués », dit *Conell* dans une communication à
la *Statistical Society*, « devant établir pour les lignes déjà terminées
un revenu de 5.68 p. 100 et démontrer que l'État avait rapidement

---

1. La ligne *Ferozepore-Sirsa*, d'après son éloignement des ports, n'appartient plus
à *Bombay*, mais à *Kurrachee* ; mais depuis que la ligne *Rajputana-Malwa*, à laquelle
Ferozepore appartient jusqu'à *Rewari*, est affermée (1885) à la *Great-Indian-Peninsula*, le transport des marchandises d'exportation se fera évidemment vers Bombay
par cette ligne.

encaissé 25 millions de bénéfice supplémentaire en une année, que le commerce d'exportation s'accroîtrait rapidement, et que spécialement, l'exportation des blés avait grandi considérablement; bref, qu'un vaste champ de placements avantageux était ouvert dans les Indes. »

La communication administrative suivante (*Railway Report* 1884-1885) donne des renseignements financiers sur l'ensemble des lignes des chemins de fer indiens :

	1882	1883	1884
Kilomètres en exploitation.	16204	16812	18550
	francs.	francs.	francs.
Capital déboursé à la fin de l'année.	3146041616	3554828235	3754647015
Capital par kilomètre exploité . . .	212660	340270	325720
Recette brute.	380781547	406993812	399408140
Dépenses	189513935	196954862	201566157
Revenu net	191267812	210038950	197841982
Revenu net en p. 100 du capital déboursé	5.55	5.91	5.27

Les chemins de fer de l'État, non compris l'*East-Indian*, rapportèrent, en 1884, 3.8 p. 100. Mais en excluant la ligne *Punjab-Northern* construite dans des vues militaires (y compris la branche *Sind-Sagar* déjà ouverte) et la ligne frontière *Sind-Pishin*, le revenu monte à 4.4 p. 100. Le *East-Indian* a un revenu de 7.68 p. 100.

Les chemins de fer garantis rapportèrent en 1884, 80 182 825 fr., soit 4.66 p. 100. Le revenu garanti par l'État était de 81 075 375 fr., de sorte qu'il dépassait la somme totale des bénéfices de 892 550 fr. L'État a dû pourtant payer encore de plus grosses sommes; mais quelques-unes des lignes rapportèrent plus que les intérêts garantis. De cette plus-value, la moitié seulement profita à l'État et l'autre moitié servit à augmenter le solde de garantie de l'État, pour parer à la différence entre le rapport et l'intérêt garanti.

Les lignes qui nous occupent, réalisèrent l'intérêt suivant p. 100 :

	1884	1883	1882	1881	1880
Bombay-Baroda and Central-India (garanti) .	7.95	7.82	5.91	6.86	5.77
East-Indian (chemin d'État)	7.87	8.99	8.80	9.30	8.70
Great-Indian-Peninsula (garanti).	6.26	6.96	7.29	6.46	4.41
Rajpulana-Malwa (chemin d'État).	5.74	6.49	5.87	»	»
Nagpur-Chattisgarh (chemin d'État provincial).	5.63	7.33	2.15	0.95	0.70
Indus-Valley (chemin d'État).	4.42	3.07	2.61	1.58	2.77
Oudh and Rohilkhand (garanti)	3.68	4.21	3.07	3.28	3.28
Sind-Punjab and Delhi (garanti)	3.55	4.18	2.94	2.65	4.75
Cawnpore-Achnera (chemin d'État provincial) .	2.66	3.88	3.74	2.70	»
Punjab-Northern (chemin d'État)	1.23	1.83	0.83	0.58	1.40

L'exploitation des chemins de fer garantis, des chemins d'État et de l'*East-Indian* a donné, pour la caisse d'État indienne, les résultats suivants, dans les dernières années :

I. CHEMINS DE FER GARANTIS

ANNÉES.	PRODUIT porté en compte.	INTÉRÊTS garantis.	PERTE (—) ou bénéfice (+).
	En francs.	En francs.	En francs.
1880-1881	63875000	81550000	— 17675000
1881-1882	82050000	81800000	+ 250000
1882-1883	77375000	82950000	— 5575000
1883-1884	77950000	82425000	— 4475000
1884-1885 [1]	73550000	80550000	— 7000000
1885-1886 [2]	73275000	80225000	— 6950000

II. CHEMINS DE L'ÉTAT

ANNÉES.	PRODUIT net.	INTÉRÊTS.	PERTE (—) ou bénéfice (+).
	En francs.	En francs.	En francs.
1880-1881	16525000	30125000	— 13600000
1881-1882	21750000	29000000	— 7250000
1882-1883	27800000	30675000	— 2875000
1883-1884	34125000	33275000	+ 1150000
1884-1885 [1]	41075000	37725000	+ 3350000
1885-1886 [2]	47225000	43750000	+ 3175000

III. EAST-INDIAN-RAILWAY

ANNÉES.	PRODUIT net.	INTÉRÊTS.	PERTE (—) ou bénéfice (+).
	En francs.	En francs.	En francs.
1880-1881	66175000	34775000	+ 31400000
1881-1882	76600000	41850000	+ 34750000
1882-1883	63300000	42575000	+ 20725000
1883-1884	75075000	42650000	+ 32425000
1884-1885 [1]	59475000	42925000	+ 16550000
1885-1886 [2]	68100000	43225000	+ 24875000

RÉSULTAT GÉNÉRAL.

(Excédant des recettes sur les intérêts garantis.)

ANNÉES.	PERTE (—) ou bénéfice (+).
	En francs.
1880-1881	+ 125000
1881-1882	+ 27750000
1882-1883	+ 12275000
1883-1884	+ 29075000
1884-1885 [1]	+ 12900000
1885-1886 [2]	+ 21400000

1. Avant-projet revisé du budget.
2. Avant-projet du budget.

De 1858-1859 à 1885-1886, il résulte du chef des chemins de fer garantis, dont l'*East-Indian* a fait aussi partie jusqu'en 1878-1879, une perte de 637 900 000 fr. pour la caisse de l'État ; du chef des chemins de fer d'État une perte de 106 075 000 fr., de l'*East-Indian* de 1879-1880 à 1885-1886, un gain de 183 575 000 fr. ; d'où, comme résultat final, une perte de 560 400 000 fr.

Si les entrepreneurs privés ne paraissent pas disposés à étendre le réseau indien, cela tient certainement à ce que, maintenant, il ne peut plus s'agir que de lignes de second rang, dont on peut à peine attendre un revenu supérieur à la garantie de l'État. Dans les derniers temps, il fut question de négociations touchant la construction d'une ligne *Bhilsa-Gwalior*[1], qui devait traverser le *Central-India-Agency* avec un embranchement de *Jhansi à Cawnpore*. Mais ces négociations furent abandonnées, évidemment parce que l'on a prévu que la concurrence de l'*East-Indian*, qui dessert à l'heure présente une très grande partie des domaines producteurs de blé d'exportation qu'on avait en vue, permettrait très difficilement à la ligne projetée de devenir prospère. C'est à peine si réellement une autre ligne, *Nagpur-Kalkutta*, projetée en ce moment, aurait plus de chances. On exprima officiellement l'idée que l'état actuel du marché de l'argent empêcherait les négociations entreprises d'arriver à une solution favorable.

Dans un mémoire de la chambre de commerce de Bombay (10 mars 1883) adressé au Vice-Roi, on se plaignit que la délibération des autorités compétentes sur un projet qu'on soumettait à leur acceptation, durait en général plus d'une année, si bien que tout désir d'entreprise était paralysé.

Il nous reste encore, en terminant, à apprécier l'accroissement qui devra résulter, dans l'exportation du blé, de l'ouverture des lignes en construction ou récemment ouvertes. Sur 17 380^{km},44 de chemins de fer mis en exploitation en 1883-1884, les trois cinquièmes environ desservaient la région du froment. En 1884-1885, vinrent s'ajouter 1 368 kilomètres de lignes ferrées et, à l'heure qu'il est, il y en a 1 931 kilo-

---

1. La ligne se détache à *Hoshangabad* du *Great-Indian-Peninsula*. La partie *Hoshangabad-Bhopal* est déjà livrée au trafic ; *Bhopal-Bilsa* est en construction.

mètres en construction. Ce réseau, qui sert à l'expédition du blé d'exportation, doit encore être étendu de 1 609 kilom., pour que le programme des lignes *indispensables* (1884) soit rempli. Au total, au réseau existant en 1883-1884 et mesurant 9978 kilom. se joindra un nouveau réseau de 4989 kilom. Si l'on voulait prendre ce rapport comme étalon de l'exportation du blé, cette dernière serait maintenant augmentée, en comparaison de 1883-1884, de la moitié, c'est-à-dire 10 160 000 à 15 240 000 quintaux métriques. Nous ne nous dissimulons pas, cependant, que cette évaluation est tout artificielle et n'a qu'une valeur conditionnelle. Mais il faut surtout prendre en considération ce fait, que la construction des 1 609^{km},3 de chemins de fer « indispensables » est offerte aux capitaux privés et, pour cette raison, peut n'être exécutée que dans un temps éloigné. Provisoirement, d'après les conditions d'accroissement de ce réseau spécial (nous faisons abstraction de tous les autres), il ne faudrait compter de ce chef qu'environ ⅓ d'augmentation sur 1883-1884.

6. — *Abaissement des prix de transport.*

Il est évident que la limite inférieure à laquelle peuvent descendre les prix de transport par chemin de fer est marquée par le prix de revient de ce transport. Sur ce prix de revient des transports du blé et en général des céréales, nous ne possédons aucune donnée, tandis qu'au contraire, nous avons celles qui concernent l'ensemble des autres marchandises transportées sur les différentes lignes de chemins de fer. Les prix de transport du blé sont intermédiaires entre ceux de toutes les marchandises : en voici le tableau :

	PRIX MOYEN de revient du transport d'une tonne sur 1 kilomètre.	TARIF MOYEN perçu par le chemin de fer pour le transport d'une tonne sur 1 kilomètre.	DIFFÉRENCE.	TARIF DU TRANSPORT du blé par tonne et par kilomètre
	En francs.	En francs.	En francs.	En francs.
East-Indian	0^f 0199	0^f 0509	0^f 0310	0^f 0264 — 0^f 0736
Indus-Valley	0 0211	0 0427	0 0216	0 0313 — 0 0417
Oudh and Rohilkhand .	0 0300	0 0451	0 0151	0 0365 — 0 0417
Bombay - Baroda and Central-India . . .	0 0300	0 0710	0 0402	0 0329 — 0 0637
Sind-Punjab and Delhi .	0 0348	0 0515	0 0197	0 0519

	PRIX MOYEN de revient du transport d'une tonne sur 1 kilomètre.	TARIF MOYEN perçu par le chemin de fer pour le transport d'une tonne sur 1 kilomètre.	DIFFÉRENCE.	TARIF DU TRANSPORT du blé par tonne et par kilomètre.
	En francs.	En francs.	En francs.	En francs.
Great-Indian-Peninsula	0 0358	0 0689	0 0331	0 0403 — 0 0616
Rajputana-Malwa . .	0 0384	0 0619	0 0265	Variable.
Punjab-Northern . . .	0 0399	0 0613	0 0214	0 0366 et 0 0274
Cawnpore-Achnera . .	0 0420	0 0612	0 0192	0 0395
Nagpur-Chattisgarh . .	0 0534	0 0761	0 0227	0 0767 et 0 0727

Dans le prix de revient du transport, les intérêts du capital engagé ne sont pas comptés. C'est pour cette raison que le prix de transport d'une tonne semble très élevé sur les lignes à voies étroites (voies d'un mètre) *Rajputana-Malwa*, *Cawnpore-Achnera* et *Nagpur-Chattisgarh*. Mais, si l'on tenait compte des frais de premier établissement, leur faible intérêt égaliserait les données précédentes (pour le transport du même poids) et celles des chemins de fer à voie normale. Si nous faisons abstraction de l'intérêt et de la nature de la voie, le montant des frais intrinsèques du transport ne dépend plus que du prix du charbon et de sa consommation, et de la quantité relative des transports et du volume des céréales transportées par rapport à celui des autres marchandises. Le volume du grain et celui du charbon que nous donnons ci-après occasionnent peu de frais :

	PRIX du charbon par tonne.	CONSOMMATION de charbon par 1000 tonnes kilométriques (1er semestre 1884).	RAPPORT du volume à la somme des marchandises transportées.
	En francs.	En kilogr.	En milliers de tonnes.
East-Indian	4f ,825	162k .9	1599 : 3007
Indus-Valley	?	?	302 : 536
Oudh and Rohilkhand	29 ,575	187 ,5	234 : 570
Bombay-Baroda and Central-India	40 . 85	141 .8	160 : 835
Sind-Punjab and Delhi	49 ,925	155 ,5	478 : 989
Great-Indian-Peninsula	32 .25	603 .4	622 : 1631
Rajputana-Malwa	50 .37	211 .6	183 : 1090
Punjab-Northern	71 .175	168 .2	113 : 133
Cawnpore-Achnera	40 .275	225 .4	38 : 156
Nagpur-Chattisgarh	21 .175	141 ,1	126 : 229

L'Inde possède de puissants gisements de charbon au Bengale et d'autres de moindre étendue dans les Provinces centrales. L'*East-Indian* est propriétaire des fosses du Bengale ; la Compagnie de chemin de fer de *Nagpur-Chattisgarh* est donc très bien placée pour utiliser ce charbon de l'Inde centrale. Le prix du charbon s'élève proportionnellement à l'éloignement de ces mines. Les chemins de fer de l'ouest de la presqu'île se servent de charbon anglais.

De tous les différents tarifs de transport des blés, c'est généralement le plus faible qui est le plus utilisé pour le commerce d'exportation. La différence entre le tarif de transport des blés le plus bas et les frais intrinsèques moyens de ce transport, se comporte de la façon suivante :

	PAR TONNE et kilomètre.	LE CAPITAL ENGAGÉ rapporte un intérêt de : P. 100.
Sind-Punjab and Delhi	+ 0f ,0201	3,43
Indus-Valley	+ 0 ,0151	4,28
Oudh and Rohilkhand	+ 0 ,00654	3,54
East-Indian	+ 0 ,00646	7,68
Great-Indian-Peninsula	+ 0 ,00452	6,09
Bombay-Baroda and Central-India	+ 0 ,00210	7,62
Punjab-Northern	— 0 ,00329	1,21

Il semble, d'après cela, qu'en première ligne, le tarif de transport du blé de l'*East-Indian* est susceptible d'un abaissement. La différence du prix de transport et des frais est grande, et le taux de l'intérêt est très élevé. En seconde ligne, au point de vue de la vraisemblance d'un abaissement des tarifs de transport, viennent le *Sind-Punjab and Delhi*, l'*Indus-Valley* et la ligne *Bombay-Baroda and Central-India*, les deux premières lignes en raison de la différence exceptionnellement élevée entre le prix du transport et les frais, et les dernières en raison de leur revenu considérable. Pour ce qui concerne le *Punjab Northern* et le *Oudh and Rohilkhand*, on ne peut espérer aucun abaissement de tarifs.

En tous cas, les chiffres précédents montrent que la possibilité d'un abaissement de tarif subsiste encore sur une vaste étendue des chemins de fer indiens et que la concurrence indienne peut encore trouver un appui de ce côté.

7. — *Abaissement du prix de l'argent.*

La valeur future de l'argent joue un rôle de tout premier ordre dans le jugement qu'on peut porter sur les chances de la concurrence des blés indiens. Au moment où nous écrivons ces lignes (mai 1886), le cours de la roupie est déjà tombé à 1f,9375, tandis qu'en 1884-1885, il était de 2f,1625 et en 1882-1883 2f,1875.

Chaque fois que ce cours s'abaisse d'un *penny* (0f,1041), il abaisse en chiffres ronds :

La valeur en or des frais de production, de	0f,350	par hectolitre.
— — de conduite à la gare (*Zufuhr Spesen*) de	0 ,0751	—
La valeur, en or, des frais spéciaux (*spesen*) à la station de départ, de.	0 ,050	—
Le montant des frais de transport par voie ferrée moyens de	0 ,175	—
— — spéciaux (*Einschiffungs spesen*) d'embarquement de	0 ,0751	—
Et enfin le prix auquel le blé indien peut encore être livré de	0 ,7252	—

Nous voyons, par là, que le rôle du prix de l'argent est le facteur dominant du développement futur de la concurrence indienne.

Deux cris de combat caractérisent la bataille du prix sur le marché de l'argent : *Blandbill* et *Inde*. Là, il s'agit des hésitations que le marché apporte en opposition à la future décision du Congrès américain dans la question du bimétallisme. Nous n'avons pas à nous occuper ici des chances d'abrogation du *Blandbill*. Nous savons qu'en cette affaire, dans l'état actuel des choses, seules les incitations personnelles et les voix des deux camps intéressés peuvent décider de la question. Depuis fort longtemps, nous voyons la question monétaire suspendue comme l'épée de Damoclès sur la tête des propriétaires de mines. On dit pourtant beaucoup que cela deviendra un jour ou l'autre sérieux, mais que, tout au moins, une élévation du prix de l'argent n'en résultera pas. Quels sont maintenant les rapports concernant le prix de l'argent dans les Indes ?

Nous croyons, pour l'examen de cette question, devoir prendre comme point de départ la discussion qui s'est élevée entre *Stoebeer* d'une part et *Seyd*, *Arendt*, *J. T. Smith* d'autre part, sur l'avenir de l'argent au point de vue des conditions de l'Inde. *Neuwirth* (*Der Kampf um die Währung*) a consacré à cette discussion un exposé qui se trouve dans les *Jahrbücher für Nationalökonomie und Statistik*, N. F. Bd. II.

Le point de vue de *Soetbeer*, comme partisan de l'étalon d'or, est optimiste. Voici comment il s'exprime[1] : « L'afflux de l'argent vers l'Asie orientale, dont jusqu'à présent les importantes et régulières demandes d'argent ont été la cause, conservera heureusement, selon toute apparence, dans l'avenir, son importance et même probablement augmentera encore. L'influence bienfaisante des lignes de chemins de fer et des installations d'irrigation encourageront toujours davantage la production dans les Indes, tandis que, à cause de la stabilité des mœurs d'Orient, la consommation des articles européens n'a pas proportionnellement augmenté et que la passion de thésauriser ne disparaîtra que peu à peu. Puisque la valeur de la livre sterling anglaise, c'est-à-dire l'étalon d'or, est la mesure adoptée pour les prix du commerce universel, quel que puisse être aussi le système monétaire de chacune des autres nations, les prix qu'on doit payer en argent pour les articles tirés de l'Inde ou de la Chine doivent nécessairement s'élever proportionnellement à la diminution de valeur de l'argent et, par conséquent, la somme d'argent demandée pour des quantités équivalentes de marchandises augmentera. En outre, comme la production de l'article d'exportation croît en quantité et en qualité, il faut s'attendre à ce que l'importation régulière de l'argent en Asie aura dans l'avenir tendance à s'accroître encore. Mais, d'autre part, cette augmentation de la demande d'argent agira à l'encontre des progrès de la dépréciation de ce métal. C'est la seule raison qui pourrait affecter notablement l'augmentation de l'exportation de l'argent vers les Indes, quand bien même les *India-Council-Bills* devraient éprouver un pareil accroissement. Mais cela n'est pas vraisemblable ; car, à *Kalkutta* et à *Londres* dans ces derniers temps, la conviction qui prévaut de plus en plus, est qu'en matière financière, dans les Indes, on ne doit pas s'avancer plus longtemps dans la voie suivie jusqu'à ce jour ; mais

---

1 *Neue Freie Presse* du 9 juillet 1880.

qu'on devrait penser à faire des économies efficaces et à reporter une partie des dépenses militaires qui incombent aux Indes sur le budget de la terre-mère ! »

Tout autre était le sentiment de *Arendt* et de *Seyd*. *Arendt* attaqua la validité des chiffres allégués par *Soetbeer*, pour défendre son point de vue ; *Seyd* démontra ensuite que le bilan commercial des Indes avait déjà presque perdu ses conditions favorables, que l'argent envoyé dans les Indes depuis 1872 n'était destiné qu'aux emprunts, et qu'il suffirait d'un excédent d'importation en marchandises anglaises de 2 667 tonnes pour amener la nécessité pour l'Inde de faire rentrer du métal en Europe et mettre fin à « l'état de délire » du marché de l'argent.

Voici les chiffres réels de l'importation et de l'exportation indiennes dans ces dernières années :

	MARCHANDISES		
	IMPORTATION.	EXPORTATION.	EXCÉDENT d'importation.
	Francs.	Francs.	Francs.
1883-1884	1317582825	2200878475	883297650
1882-1883	1250076025	2085021625	834945600
1881-1882	1174802100	2047549000	872746900
1880-1881	1257720850	1863282050	605561200
1879-1880	993551150	1679328950	685771800

Et pour les années précédentes :

1874-1875	866131550	1407806525	541674975
1869-1870	821991075	1311784400	489793325

D'après ces chiffres, l'importation indienne a subi une augmentation, dans l'espace de cinq années, de 324 000 000 fr. et l'exportation un accroissement de 521 500 000 fr. L'excédent d'importation a crû de 197 500 000 fr. en chiffres ronds [1].

Le chiffre de l'importation des marchandises de coton s'est élevé de 422 887 775 fr. (1879-1880) à 541 059 700 fr. (1883-1884), celui

---

1. Dans l'année 1884-1885, dont les chiffres n'ont été connus de nous que plus tard, ce rapport s'est trouvé diminué. L'importation des marchandises a été de 1 022 064 250 fr. 53 c. et l'exportation de 1 599 946 153 fr. 44 c. ; le cours de la roupie était un peu inférieur à 1/13 de livre sterling, soit 1 fr. 923 millim.

de l'importation du coton filé de 68 632 500 fr. à 86 648 575 fr. (1883-1884) et celui des machines de 44 721 700 fr. à 154 220 825 fr. en 1883-1884.

Les marchandises qui contribuèrent à augmenter l'exportation sont les suivantes :

Blé (222 395 275 fr. en 1883-1884 au lieu de 28 106 675 fr. en 1879-1880), semences (*seeds*) 252 152 200 fr. en 1883-1884 au lieu de 119 536 625 fr. en 1879-1880; le coton, le coton filé et les marchandises en coton respectivement 360 047 550 fr., 49 575 475 fr., 58 150 450 fr. en 1883-1884, au lieu de 278 636 325 fr., 29 098 650 fr. et 39 349 250 fr. en 1879-1880; puis viennent en seconde ligne : l'indigo, le sucre, le thé, les peaux brutes et les peaux travaillées.

Au point de vue du bilan commercial, *Soetbeer* a donc eu gain de cause. Mais, demandons-nous maintenant si l'importation de l'argent s'est comportée suivant le sens de sa prédiction. L'importation nette d'argent dans les Indes représentait :

	Francs.			Francs.
En 1884-1885	181150000		En 1881-1882	134175000
En 1883-1884	160125000		En 1880-1881	97375000
En 1882-1883	187000000		En 1879-1880	196750000

soit pour la moyenne de ces 6 années 159 475 000 fr., tandis que de 1869-1870 à 1878-1879, cette moyenne avait été de 124 925 000 fr.

Dans son hypothèse relative à l'importation de l'argent dans l'Inde, Soetbeer ne s'est donc pas trompé. Mais ses estimations auraient été justifiées d'une façon plus brillante encore, si l'Inde orientale n'avait pas, en même temps, absorbé l'or en grandes quantités, pendant la période que nous étudions. Voici, en effet, la proportion de l'importation nette de l'or par rapport à l'importation nette en argent :

	IMPORTATION nette de l'or.	IMPORTATION nette de l'argent.
	Francs.	Francs.
1884-1885	116798400	181150000
1883-1884	136562625	160125000
1882-1883	123271800	187000000
1881-1882	121099600	134175000
1880-1881	913797500	97325000
1879-1880	437626000	196750000

Enfin, les traites du Secrétaire d'État pour les Indes, résidant à Londres, étaient encore en rapport avec l'exportation en marchandises des Indes :

	LEUR MONTANT pour une valeur de la roupie 2 fr. 50 c. s'élevait à :	LA SOMME qu'on en tirait réellement était :	LA PERTE par suite des variations du cours nominal de la roupie s'élevait à [1] :
	Francs.	Francs.	Francs.
1884-1885	427572067,5	343972725	83599342,5
1883-1884	540538655,0	439995125	100543530,0
1882-1883	464644482,5	378013025	86628457,5
1881-1882	555273375,0	460310725	94962650,0
1880-1881	458192500,0	380991925	77200575,0
1879-1880	458750000,0	381545250	77204750,0

Soetbeer avait exprimé en 1880 l'idée que la quotité des *India-Council-Bills* n'augmenterait pas sensiblement ; cette hypothèse s'est également trouvée confirmée par les faits.

Tout ce que *Soetbeer* a écrit en 1880 sur le développement probable des relations de l'Inde, tend à montrer qu'un abaissement plus grand du prix de l'argent n'est pas à attendre. Mais sur ce point, comme nous le savons, les faits ne lui ont pas donné raison. Bien que chacune de ces hypothèses : croissance de l'excédent de transport, augmentation de l'importation d'argent, petite élévation ou état stagnant du montant des *Council-Bills* se soit réalisée, l'argent a subi dans ces derniers temps une dépréciation extraordinaire. Ce qui nous amène forcément à conclure que *Soetbeer* ou bien a estimé trop haut l'influence que les importations d'argent dans l'Inde exercent sur le prix de l'argent, ou évalué trop bas ou même ignoré un autre facteur qui agit efficacement dans un sens opposé. La première conclusion ne serait pas la vraie. Ceux même qui, en 1880, ne partageaient pas les vues de *Soetbeer* sur l'avenir du prix de l'argent, convinrent que, si ses hypothèses relatives aux affaires de l'Inde se vérifiaient, un abaissement du prix de l'argent n'était pas à craindre. Il y a donc apparence que cet abaissement si extraordinaire du prix de l'argent, dans ces derniers temps, est dû à un facteur étranger aux conditions indiennes.

---

1. Voir le tableau des valeurs de la roupie pour les années correspondantes, p. 172.

Mais, regardons-y de plus près! Dans la moyenne des cinq dernières années (1880-81 — 1884-85), l'importation d'or dans l'Inde était d'environ 117 500 000 fr. et celle de l'argent 152 500 000 fr. Une importation d'or de 117 500 000 fr. ne signifie pas seulement la diminution dans l'importation d'une somme égale d'argent, mais elle agit comme si 117 500 000 fr. d'argent avaient été exportés des Indes et exige, par conséquent, pour sa seule « neutralisation » une nouvelle importation d'argent de la même valeur. Déduisons donc l'importation en or de l'Inde de son importation en argent : l'importation de l'argent se trouve alors réduite de 35 000 000 de francs par an, en moyenne, pendant les cinq dernières années !

Dans la période décennale antérieure à 1879-80, l'importation de l'or et celle de l'argent étaient représentées par :

	IMPORTATION de l'or. Francs.	IMPORTATION de l'argent. Francs.
1879-1880	43750000	196750000
1878-1879 (exportation à déduire).	22400000	99275000
1877-1878	11700000	366900000
1876-1877	5175000	179975000
1875-1876	38625000	38875000
1874-1875	46850000	116050000
1873-1874	34550000	62425000
1872-1873	63575000	18150000
1871-1872	89125000	163000000
1870-1871	57050000	23525000
Moyenne	39040000	126492500
		39040000
Moyenne de l'importation de l'argent influençant le prix de l'argent		87452500

L'absorption de l'argent dans l'Inde orientale, qui est indépendante de l'importation de l'or au point de vue de l'influence de celle-ci sur le prix de l'argent, a été en moyenne, dans les cinq dernières années, plus faible d'environ 55 millions de francs que dans la période décennale précédente. Le changement qui s'est accompli dans ces derniers temps dans la situation est encore plus frappant, quand on compare seulement la période de cinq années (1875-76 à 1879-80) à celle de 1880-81 à 1884-85. L'importation de l'argent pour la

moyenne de la première période était 171 350 000 fr., celle de l'or
19 850 000 fr., l'importation « indépendante » par conséquent de
151 500 000 fr., c'est-à-dire supérieure à la moyenne constatée
depuis 1880.

L'importation de l'or dans les Indes, alors que l'état marchand de
l'argent n'y est pas affaibli (nous revenons encore sur cette question),
peut exciter l'étonnement. On peut demander : à quoi bon cette importation d'or, puisque l'argent acheté à l'étranger est inéchangeable
pour la même somme dans les Indes et possède même dans ce pays, à
un certain degré, une valeur plus grande que l'or, alors que justement
le bas prix de l'argent à l'étranger, en comparaison de son prix stable
dans les Indes, devrait encourager vivement chacun à des achats
d'argent ? — Mais nous croyons que cette considération n'influe en
rien. Les Indes ont expérimenté la puissance du noble métal (comparativement à celle de l'argent) dans les achats, de deux côtés :
pour les marchandises indigènes et pour les marchandises étrangères. Pour ces dernières, la puissance de l'argent s'est amoindrie
extraordinairement. Elle diminue d'année en année, aujourd'hui
peut-être de mois en mois. D'ici longtemps, au moins, il n'y a pas à
attendre une hausse notable dans le prix de l'argent. Le marchand
indigène risque moins à faire des achats d'or que des achats d'argent. De là vient la préférence que, dans ce pays, on a maintenant
pour l'or. Dans cette classe du commerce indien, qu'on pourrait
qualifier de marchands pour l'étranger (*Auslands-Kaufleute*), l'acqui-
sition de l'or est préférée incontestablement à celle de l'argent dans
les conditions actuelles. « Cela passe pour une mauvaise fortune,
quand on est obligé de conserver de l'argent en réserve pour plus
d'un jour ; et quand on y est contraint pendant plus longtemps, c'est
tout simplement considéré comme un malheur », dit dans son rapport M. *Samuel Montagu* (dans l'assemblée générale de la *International Monetary Standard association* du 22 janvier 1886, en
Angleterre). Avec un léger adoucissement, cela est évidemment le
cas de ces marchands indiens (*Auslands-Kaufleute*).

L'or envoyé dans les Indes n'y est pas monnayé, ou bien il conserve
l'empreinte qu'il avait, ce qui est nécessaire, si on veut l'employer
en dehors de l'Inde.

La frappe des monnaies indiennes se répartit de la façon suivante :

	MONNAIES d'or.	MONNAIES d'argent.
	Francs.	Francs.
1883-1884	»	91585025
1882-1883	437350	162711450
1881-1882	849250	54656875
1880-1881	333875	106241900
1879-1880	368250	256424175

La somme représentée par la frappe des monnaies d'argent dans la période de cinq années dont il s'agit, se montait, en chiffres ronds, à 670000000 de francs, tandis que l'importation de l'argent se chiffrait par 775000000 de francs.

L'importation de l'or vers l'Inde se fait de l'Australie, de la Chine et de la Grande-Bretagne, tandis que pour celle de l'argent, la Grande-Bretagne tient notoirement le tout premier rang ; puis viennent, mais bien en arrière, les autres pays et la Chine. Voici les chiffres de l'importation nette en or dans l'Inde, de :

	AUSTRALIE.	CHINE.	GRANDE-BRETAGNE.	AFRIQUE.
	Francs.	Francs.	Francs.	Francs.
1883-1884	48000000	34000000	35125000	7575000
1882-1883	35625000	29200000	31150000	7000000
1881-1882	33050000	34425000	27400000	8350000
1880-1881	7275000	38725000	26200000	7950000
1879-1880	200000	29600000	375000	7250000
1878-1879	725000	20800000	— 53650000[1]	4825000
1877-1878	525000	21125000	— 22000000	7775000
1876-1877	700000	10150000	18000000	5400000
1875-1876	700000	25825000	475000	1875000
1874-1875	1250000	27100000	6175000	750000

Ces chiffres mettent en évidence ce fait que, de 1876-77 à 1878-79, une grande quantité d'or a été envoyée des Indes vers l'Angleterre. On se souvient qu'eut lieu, en 1876-77, la première dépréciation sérieuse de l'argent. Le prix du kilogramme d'argent était à Londres, de 1867 à 1872, compris entre 212 fr. 87 c. et 213 fr. 33 c. Il tomba, en 1873, à 209 fr. 08 c.; en 1874, à 207 fr. 31 c.,

---

1. Exportation des Indes vers la Grande-Bretagne.

et en 1875, à 199 fr. 22 c. Les différences correspondant à ces années furent donc 1 fr. 77 c. et 8 fr. 09 c. En 1876, le prix de l'argent s'affaissa subitement à 186 fr. 14 c., de sorte que la différence avec le prix de l'année précédente atteignit 13 fr. 08 c. En 1877, il se releva à 193 fr. 53 c. ; mais aussitôt, en 1878, il redescendit à 185 fr. 57 c. et depuis, il a baissé encore bien davantage. Dans les premiers temps, l'abaissement du prix de l'argent fut pour l'Inde une occasion réelle de se débarrasser de son argent et d'acquérir de l'or. Mais, comme on reconnut bientôt qu'il s'agissait, non de variations de cours passagères, mais bien d'une opération de durée, on pratiqua le procédé inverse.

Les importations australiennes dans l'Inde s'ajoutent pour la plus grosse part à celles de l'Angleterre, car, d'après le bilan des marchandises, l'Australie n'a dû payer aux Indes, en 1883-1884, que 975 000 fr. ; en 1882-1883, 12 825 000 fr., et, en 1881-1882, 14 150 000 fr.

D'après les précédentes exportations, il n'est pas difficile de porter un jugement sur la situation que l'Inde prendra plus tard vis-à-vis du développement du prix de l'argent. Les approvisionnements en or de l'Inde orientale sont déjà commencés depuis longtemps. Rien ne montre qu'ils éprouveront de sitôt une interruption, quand même leur montant annuel resterait sensiblement stationnaire.

Le pronostic qu'on peut donc tirer des rapports qu'a le commerce indien avec la valeur de l'argent, n'est pas du tout que le prix de ce métal s'élèvera, et l'exportation du blé peut, à ce point de vue aussi, conserver toutes les espérances de solidité et de développement.

La dépréciation de l'argent n'a jamais eu jusqu'ici une influence sur les prix dans les Indes. Les importations d'or dans la presqu'île n'ont pas le moins du monde la signification que leur prête M. le Dr *Bamberger*, dans la séance du *Reichstag* allemand du 6 mars 1885, à savoir : que les prix tentent à nouveau d'atteindre leur ancienne valeur en or. Les raisons de cette importation sont tout autres, comme nous l'avons déjà démontré. Au point de vue de l'affaiblissement de la valeur de l'argent dans les achats, l'*Economist* a publié, dans son numéro du 17 octobre 1885, d'après un rapport officiel, un tableau des prix du blé et des salaires des ouvriers, au temps où l'argent n'avait pas encore subi de crise et au temps présent. Particulièrement, les renseignements sur les salaires nous paraissent probants et nous donnons ci-après les chiffres représentant les salaires des ouvriers agricoles :

Salaires mensuels des ouvriers agricoles [1].

	1881.	1880.	1876.
	Francs.	Francs.	Francs.
Madras.	10.25	7.67	9.22
Bombay	17.58	16.61	17.65
Bengale	12.06	11.96	13.90
Assam	15.07	17.68	15.24
Provinces Nord Ouest	7.67	8.71	8.95
Oudh	5.89	6.37	7.08
Punjab.	12.31	13.00	12.56
Provinces centrales	8.66	8.97	9.22
Burmah	30.27	33.15	35.43
Hyderabad	13.56	14.04	11,98
Mysore	14.07	11.56	11.98
Rajputana	8.04	8.71	8.28
Inde centrale	9.54	9.75	10.70
Moyennes	12.69	13.17	13,70

Le fait que le disagio de la monnaie indigène ne réagit pas sur les prix des marchandises dans le pays, ou qu'il s'y répercute seulement après un temps considérable et imparfaitement, n'est pas particulier à l'Inde. La même chose se constate en Autriche-Hongrie et en Russie [1]. Mais l'Inde orientale est encore bien loin en arrière de ces deux royaumes, du premier surtout, à tous les points de vue de l'activité de la vie commerciale. C'est donc une raison de plus pour qu'un phénomène qui ne se produit pas dans ces pays plus civilisés, ne se manifeste pas de longtemps dans l'Inde orientale.

1. Nous ne donnons ce tableau que pour fournir une comparaison du taux des salaires en 1876, 1880 et 1884. Le journal *l'Économist* n'indique pas le nombre de jours auquel ces salaires correspondent. Ils sont calculés au taux réel de la roupie, c'est-à-dire en tenant compte de l'agio : nous croyons que ce sont des salaires mensuels. H. G.

2. Comparez une des plus récentes données ci-dessus avec une de celles publiées dans la *Kreuz-Zeitung* au paragraphe intitulé : *Kampf um die Währung*, n° 2. 1886. l'article est intitulé : *Währung, Preisrückgang, mobiles Kapital*, par le baron de Mirbach-Soquitten.

CONCLUSION.

Le développement futur de l'exportation du blé de l'Inde orientale semble, d'après ce que nous avons dit, devoir dépendre, en première ligne, de la dépréciation de l'argent. L'hypothèse que cette dépréciation rencontrera un obstacle dans l'accroissement de l'exportation du blé indien n'est pas solide, puisque, comme nous le savons maintenant, l'absorption de l'argent n'augmente pas du tout en proportion de l'accroissement de l'exportation, la plus-value de l'exportation, dans la moyenne des dernières années, ayant été couverte en grande partie par une importation d'or. L'augmentation de l'exportation du blé indien ne provoque tout au moins aucune élévation dans le prix de l'argent. Chaque diminution de ce prix agit de la même façon que la construction de nouveaux chemins de fer et d'autres communications entre toutes les lignes. Elle rapproche les points éloignés de la contrée, d'où le blé peut encore être expédié par voie ferrée pour l'exportation vers l'Europe. Le développement des chemins de fer par la construction de lignes nouvelles, comparé à la diminution du prix de l'argent n'a qu'un caractère et une importance locales.

Mais si la dépréciation de l'argent ne devait pas se produire, les établissements commerciaux intéressés trouveraient sans doute une ressource dans l'abaissement des frais de transport.

Les lignes de concurrence pour les chemins de fer indiens se trouvent en Amérique. Elles s'y trouvent, non seulement parce que, dans sa lutte contre les chemins de fer, le commerce indien invoque toujours l'exemple de l'Amérique qui lui sert d'argument et d'arme de guerre, mais aussi parce que les chemins de fer indiens admettent ce terme de comparaison comme valable dans certaines limites. Les frais de transport dans l'Inde n'ont pas une valeur équivalente à celle des frais de transport dans l'Amérique, au point de vue de leurs conditions générales déjà examinées, et notamment par rapport au prix du blé à Londres. Le prix du blé sur le marché anglais n'est nullement basé sur les tarifs des transports dans l'Inde ; c'est le contraire qui a lieu. Les chemins de fer indiens s'y plient. Et dans cette conception des choses réside un facteur puissant pour l'expansion de la concurrence indienne.

En seconde ligne, parmi les causes qui permettront à l'exportation indienne de progresser actuellement, viennent l'augmentation du rendement du sol et plus encore l'abaissement des frais de production. Il s'agit ici d'améliorations trop peu générales et s'accomplissant trop lentement, pour qu'elles puissent agir efficacement et prochainement sur le développement de l'exportation. Mais, s'il arrivait que l'exportation, qui est parvenue maintenant à un état stationnaire, fût menacée de quelque côté, soit par l'Amérique, soit par un autre pays exportateur d'outre-mer, ou bien encore par une réforme monétaire, qui supprimerait pour l'exportateur le gain d'agio, on chercherait presque sans succès dans les mesures économiques et dans les améliorations culturales, un dernier appui pour conserver à l'exportation indienne sa situation puissante. La nécessité pourrait seule apporter une grande amélioration de ce côté. Au contraire, la prospérité, comme nous pouvons la supposer d'après ce qui a été dit, n'est pas un bon maître.

ANNEXES

PRIX DU BLÉ SUR LES PRINCIPAUX MARCHÉS DE L'INDE ORIENTALE

PRIX PAR 100 KILOGRAMMES

CALCULÉ AU COURS NOMINAL DE LA ROUPIE (2 FR. 50 C.)

N. B. — *Les prix maxima et minima sont soulignés.*

	PRIX MOYEN.			PRIX DE L'ANNÉE.		
	1861-70	1871-80	1881-83	1881	1882	1883
Bengale.	Fr.	Fr.	Fr.	Fr.	Fr.	Fr.
Burdwan	16,70	17,92	18,12	18,01	19,05	17,37
Calcutta.	16,30	19,64	18,12	17,17	19,30	18,71
Chittagong.	19,03	23,17	24,88	22,29	29,38	23,77
Cuttack	17,51	17,65	17,06	14,26	17,62	20,12
Dacca.	18,17	19,39	19,13	19,26	19,23	18,98
Dinajpur	19,83	19,11	18,81	18,20	20,20	18,19
Hazaribagh	18,22	16,92	16,42	11,00	18,72	17,29
Midnapur	20,19	20,70	19,25	18,91	19,13	19,32
Monghyr.	11,88	14,55	13,87	13,90	15,12	11,11
Moorshedabad.	13,21	15,70	15,71	14,30	16,33	16,71
Mozufferpur.	13,90	16,71	11,33	13,18	16,13	15,31
Patna.	13,94	13,86	13,12	11,83	13,78	11,08
Purneah.	13,67	15,01	15,59	13,71	17,52	15,71
Moyennes.	16,10	18,51	17,30	"	"	"
Assam.						
Cachar	30,38	30,70	26,59	21,71	25,69	28,12
Goalpara	19.07	11,50	12,10	11,78	11,13	13,59
Lackbimpur.	25,20	31,11	32,60	31,22	33,40	32,90
Syllet.	21,35	21,10	21,29	20,61	22,12	20,33
Moyennes.	22,19	25,25	23,22	"	"	"
Provinces N.-O.						
Agra.	15,05	11,89	15,44	11,87	15,51	15,77
Allahabad.	16,01	15,11	15,10	11,62	15,13	15,55
Bareilly.	11,33	11,02	11,62	11,22	15,18	11,59
Cawnpore	14,29	14,21	13,89	13,09	11,33	11,39
Meerut.	11,81	12,99	13,20	13,10	11,11	19,31
Mirzapur	11,88	15,96	16,19	15,29	16,90	16,55
Mozuffarnagar.	13,60	12,62	13,68	13,35	13,63	11,07
Saharunpur	13,65	13,00	13,37	13,72	13,05	13,34
Moyennes.	11,13	14,05	11,68	"	"	"

	PRIX MOYEN.			PRIX DE L'ANNÉE.		
	1860-70	1871-80	1881-83	1881	1882	1883
Oudh.	Fr.	Fr.	Fr.	Fr.	Fr.	Fr.
Fyzabad.	12,97	14,53	14,94	11,18	15,59	15,13
Luknow.	14,45	11,31	14,67	11,08	15,39	14,68
Sultanpur.	12,68	14,13	12,82	12,42	13,16	12,89
Moyennes.	13,36	11,33	14,14	»	»	»
Punjab.						
Amritsar.	13,38	12,60	11,76	13,56	10,90	11,17
Delhi.	13,17	13,37	14,27	14,15	11,35	14,32
Ludhiana.	13,56	12,12	11,68	13,65	10,81	10.97
Mooltan.	18,14	15,92	17,12	19,71	15,76	16,36
Peshawar.	12,66	15,42	16,73	26,42	15,91	12,84
Rawalpindi.	12,35	13,02	13,82	20,39	13,12	10.76
Moyennes.	13,85	13,76	11,23	»	»	»
Provinces centrales.						
Jubbulpur.	13,19	13,51	13,50	12,65	14,16	13,10
Nappur.	17.74	11,72	11,38	13,65	14,71	14,06
Rajpur.	6,94	7,21	8,71	6,99	8,18	11,12
Moyennes.	12,62	11,81	12,20	»	»	»
Présidence de Madras.						
Bellary.	32,19	28,71	15,56	16,36	15,13	15,22
Coimbatore.	40,11	32,83	20,30	20,53	22,31	19,39
Ganjam.	22,60	29,31	25,41	20,95	24,60	30,41
Salem.	33,36	35,02	22,29	22,59	23,00	21,18
Tanjore.	42,13	38,30	24,21	27,48	24,60	24,53
Tinnevelly.	46,35	42,39	28,78	29,31	29,77	27,31
Vizagapatam.	23,42	23,45	21,67	18,34	21,20	23,50
Moyennes.	31,64	32,90	22,07	»	»	»
Présidence de Bombay.						
Ahmedabad.	29,28	23,52	15,41	15,63	19,33	21,17
Ahmednagar.	21,78	19,22	18,21	16,61	19,12	19,11
Belpaum.	23,86	27,11	18,20	37,13	14,02	15,03
Bombay.	28,62	27,37	25,37	24,45	25,83	25,11
Karachi (Kurrachee).	19,90	22,63	22,01	23,79	22,03	20,15
Khandesch.	25,39	19,40	16,13	14,55	16,78	17,34
Sbikarpur.	17,18	18,05	20,68	22,49	19,95	19,81
Sarat.	29,40	25,57	21,45	23,20	21,04	23,86
Moyennes.	21,51	22,01	19,67	»	»	»

Classification des provinces d'après le prix du blé en 1881-1883.

Blés les plus chers : *Assam.*	23f,22c	les 100 kilogr.
Présidence de *Madras.*	22,07	—
Présidence de *Bombay.*	19,67	—
Bengale.	15,59	—
Provinces du N.-O.	14,68	—
Oudh.	14,44	—
Punjab.	14,23	—
Blés les moins chers : Provinces centrales.	12,20	—

Les dix principaux marchés où le blé se vend le moins cher (d'après
le prix du blé en **1881-1883**) sont :

Rajpur (P. C.)	8f,74c
Ludhiana (Punjab)	11 ,68
Amritsar (Punjab).	11 ,76
Goalpara (Assam).	12 ,10
Sultanpur (Oudh).	12 ,82
Saharanpur (P. N. O.).	13 ,37
Jubbulpur (P. C.).	13 ,50
Mozzufarnagar (P. N. O.)	13 ,68
Rawalpindi (Punjab).	13 ,82
Cownpore (P. N. O.)	13 ,89

Pendant que ce volume était sous presse, le prix de l'argent s'est
affaissé d'une façon considérable, mais s'est depuis relevé.

Les chiffres concernant l'exportation du blé en **1885-1886** ont été
publiés depuis peu ; les voici : ils complètent les tableaux des pages
167 et 168.

Exportation du blé indien.

	QUINTAUX MÉTRIQUES.
Vers la Grande-Bretagne	6132178,74
— France	1089783,14
— Italie.	618880,65
— Belgique	1353609,26
— Hollande	43616,34
— Égypte.	1166115,72
Autres pays	295724,58
Total.	10700268,73

La part prise à cette exportation par les ports a été :

	QUINTAUX MÉTRIQUES.
Pour Kalkutta.	2128453
— Bombay	5389209
— Kurrachee	3170436

Liste des sources auxquelles a puisé l'auteur, en dehors de celles indiquées dans le texte.

HUNTER. *The Indian Empire*. London. 1882.

Statistical abstract relating to Bristish India from 1874-75 to 1883-84. London, 1885.

Statistical abstract relating to Bristish India from 1865-66 to 1874-75. London, 1886.

Statistical abstract for the United Kingdom from 1870 to 1884. London, 1885.

Statement exhibiting the moral and material progress and condition of India (16 années, 1868-1869 à 1883-84).

Miscellaneous Statistics relating to British India. 1877.

Miscellaneous Statistics relating to British India. 1880.

Statistical Tables for British India. 1886.

Trade Report of British India (13 fascicules, de 1873 à 1885).

Report of the Famine Commission. 1880.

Administration Report on the Railways in India (13 fascicules, de 1873 à 1885).

The Economist. 1880-1885.

Bombay Gazette. 1881-1885.

The Colonies and India. 1883-1885.

OEsterreichische Monatschrift für den Orient. 1880-1885.

Report of the Bombay Chamber of Commerce. 1872-1873 à 1883-1884.

PHILLIPS. *Our administration of India.* London, 1886.

FORDE. *Railway extension in India, with special reference to the export of wheat.* Bombay, 1884.

CRAWFORD. *Some observations on the development of the railway system of the valley of the Ganges.* London. 1886.

NORMAN. *Competitive supply of wheat to Europe by India and America, in Chamber of Commerce Journal.* (Juillet, août et septembre 1884.)

BECK. *Agricultural resources of India* (dans le *Journal of the Society of arts,* 1885).

PEDDER. *Law of landlord and tenant in India.* (*Journal of the Society of arts,* 1884.)

DANVERS. *Historical and recent famines in India.* (*Journal of the Society of arts.* 1886.)

COUNELL. *On Indian railways and Indian wheat.* (*Journal of the statistical Society,* 1885.)

BOOKWALTER. *Home and international trade.* New-York, 1886.

TABLE DES MATIÈRES

CHAPITRE I.

CHAPITRE II.

CHAPITRE III.

CHAPITRE IV.

CHAPITRE V.

CHAPITRE VI.

CHAPITRE VII.

Nancy, imp. Berger-Levrault et Cⁱᵉ.